江西齐云山国家级自然保护区自然保护丛书

江西齐云山国家级自然保护区
蝴蝶图鉴

黄世贵　黄敦元　朱祥龙　主　编

中国林业出版社
China Forestry Publishing House

图书在版编目（CIP）数据

江西齐云山国家级自然保护区蝴蝶图鉴 ／ 黄世贵，
黄敦元，朱祥龙主编 . — 北京 ：中国林业出版社，
2025．5．— ISBN 978-7-5219-3118-1

Ⅰ．Q969.42-64

中国国家版本馆 CIP 数据核字第 2025WY4851 号

责任编辑：李春艳
版式设计：黄树清
出版发行：中国林业出版社
　　　　　（100009，北京市西城区刘海胡同7号，电话：010-83143579）
电子邮箱：30348863@qq.com
网　　　址：https://www.cfph.net
印　　刷：北京博海升彩色印刷有限公司
版　　次：2025 年 5 月第 1 版
印　　次：2025 年 5 月第 1 次
开　　本：787 mm×1092 mm 1/16
印　　张：15
字　　数：310 千字
定　　价：188.00 元

序言

点玄灰蝶

　　南岭山脉是中国主要山脉之一，分布于江西、湖南、广东和广西的边境，东西绵延超过 1000km，这些山岭当中，以越城、都庞、萌渚、骑田和大庾这 5 座山岭最为有名，故南岭又被人们称为五岭。南岭山脉是中国南方一条地理分界线，平均海拔在 1000m 左右，是长江水系和珠江水系的分水岭，降水量十分充沛，属于典型的亚热带季风气候并兼具山地气候特点。

　　江西齐云山国家级自然保护区位于江西省崇义县思顺乡境内，地处南岭山系与罗霄山脉交汇区的诸广山，保存有南岭地区原生性南亚热带与中亚热带常绿阔叶林森林生态系统，是中国生物多样性保护的热点地区之一。区内保存有典型而完整的中亚热带常绿阔叶林森林生态系统，是天然的种质资源库、基因库，有暖性针叶林、常绿阔叶林等 4 个植被型组 11 个植被型 70 个群系，以及南方红豆杉、长苞铁杉、南方铁杉、福建柏、伯乐树等 15 个珍稀濒危植物群落。区内现有记录国家重点保护野生动物有 79 种，其中国家一级有 12 种（豹、云豹、大灵猫、小灵猫、乌雕、黄胸鹀、穿山甲、黄腹角雉、白颈长尾雉、豺、金斑喙凤蝶、海南虎斑鳽）；国家二级有 67 种（藏酋猴、水鹿、豹猫、毛冠鹿、白眉山鹧鸪等）。

　　江西齐云山国家级自然保护区是江西蝴蝶分布最丰富的区域之一。因此，开展保护区蝴蝶多样性及其受胁因素的研究既可以为科研工作者和蝴蝶爱好者提供参考，又可以为齐云山自然保护区的管理和保护提供有力的科学支撑。自 2016 年起，齐云山自然保护区管理局联合重庆师范大学，进行了为期 7 年的野外调查，共观察统计蝴蝶 8758 只，经整理鉴定共有蝴蝶 5 科 118 属 208 种。

　　本书的出版对宣传普及我国自然保护区生物多样性的保护具有较大意义，可以为科普宣传和生态教育提供较为丰富的参考资料，也可为其他自然保护区的生物多样性调查提供参考。

江西中医药大学教授

2025 年 2 月

前 言

江西齐云山自然保护区始建于 1997 年 9 月，2004 年 4 月经江西省人民政府批准晋升为省级自然保护区，2012 年 1 月晋升为国家级自然保护区。保护区位于江西西南部，东南与崇义县思顺乡和上堡乡相连，西与湖南省桂东县毗邻，北与赣州市上犹县五指峰乡接壤，其地理位置为东经 113°54′37″~114°07′34″，北纬 25°41′47″~25°54′21″，全域森林覆盖率为 97.6%。

江西齐云山国家级自然保护区总面积 17105hm²，其中：核心区 5680hm²、缓冲区 2750hm²、实验区 8675hm²。保护区最高峰——齐云山海拔 2061.3m，为赣南最高峰。保护区内有高等植物 270 科 1031 属 2845 种，现已查明有国家重点保护野生植物 51 种，其中国家一级保护野生植物 2 种（南方红豆杉、象鼻兰），国家二级保护野生植物 49 种（伯乐树、金毛狗、福建柏等）；有脊椎动物 34 目 101 科 465 种，陆生贝类 37 种，蜘蛛 171 种，昆虫 1171 种，其中国家重点保护野生动物有 79 种，国家一级保护野生动物 12 种（小灵猫、黄腹角雉、金斑喙凤蝶等），国家二级保护野生动物 67 种（藏酋猴、水鹿、豹猫等）。

蝶类隶属于昆虫纲鳞翅目有喙亚目双孔次亚目，包含 5 科，分别为凤蝶科、蛱蝶科、粉蝶科、灰蝶科、弄蝶科，全世界约 30 亚科 437 属，共 2 万余种。我国蝴蝶种类有 2400 余种，约占全世界种类的 12%。

在全球气候变化和生境质量退化日益加剧的背景下，蝶类对环境变化敏感，已成为生物多样性监测与栖息地环境变化评价的首选指示物种。蝶类是生物资源和生物多样性的重要组成部分，其物种丰富，分布范围广，对生境条件具有较强的专一性。同时，蝶类种群的时空动态和群落结构特征演变可以快速、有效地反映环境质量、生态系统健康程度以及人类活动干扰等生态环境状况。因此，蝶类成为最受关注的环境指示生物类群之一。

江西齐云山国家级自然保护区地处南岭山地北坡，属中亚热带东部湿润型季风气候区，蝴蝶资源比较丰富，但是目前对其的系统研究较少，蝴蝶多样性的现状及变化趋势不明确，因此在该地区开展蝴蝶类群的多样性研究十分必要。

基于蝴蝶演化关系和形态特征，本书采用目前国际主流的分类体系，将蝴蝶划分为五个科：凤蝶科（Papilionidae）、粉蝶科（Pieridae）、蛱蝶科（Nymphalidae）、灰蝶科（Lycaenidae）和弄蝶科（Hesperiidae）。

本书的出版，得到了诸多蝴蝶研究专家及爱好者的支持，在此表示感谢。由于编者水平有限，书中难免存在疏漏，望各位专家和同行批评指正。

我们希望本书的出版，能够吸引大家对蝴蝶的关注，让更多的人认识蝴蝶，走近蝴蝶。

编 者

2025 年 1 月

本书蝴蝶脉序采用康尼脉序系统（Comstock-Needham system），翅面脉序的名称及具体位置如下图所示。

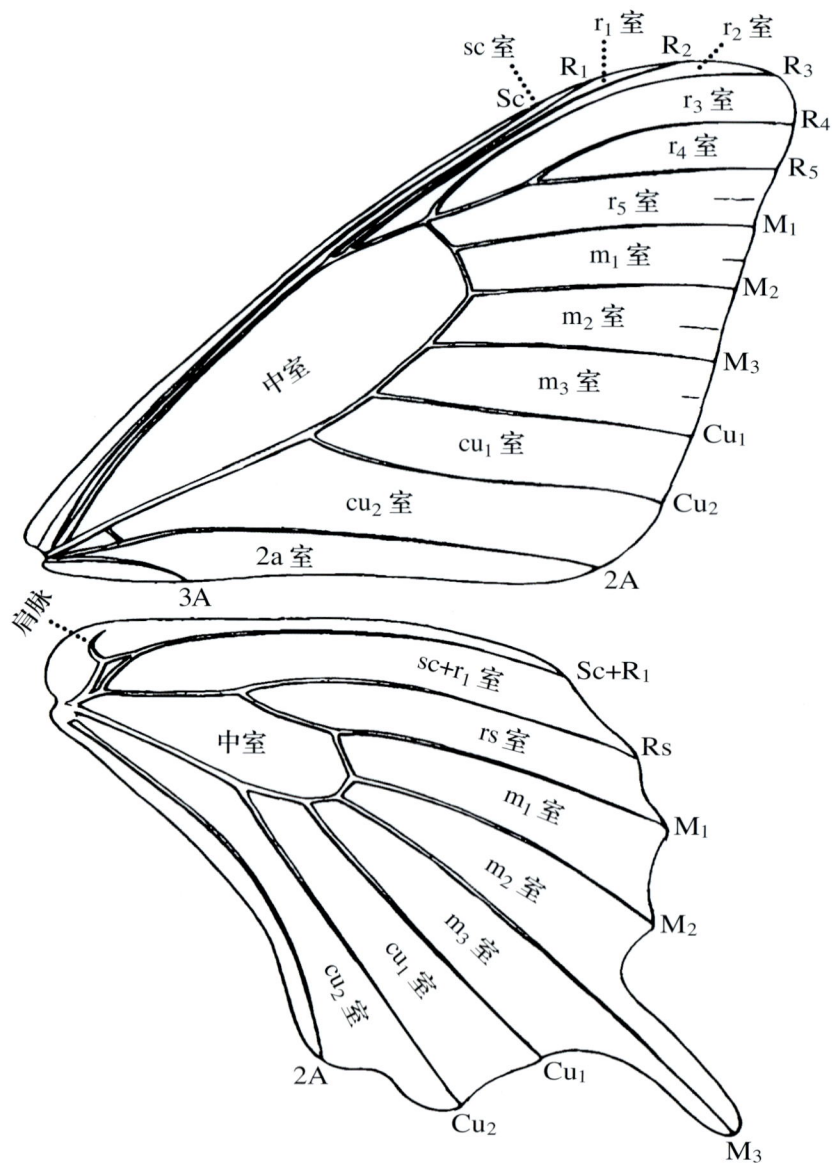

蝴蝶脉序和翅室特征图（以凤蝶为例）

图片来源：蝴蝶脉序和翅室的命名（仿周尧，1994）

蝴蝶脉序名称表

翅	Comstock-Needham		
	中文名	英文名	备注
前翅	亚前缘脉 Sc	Subcosta	
	第一径脉 R_1	Radius$_1$	
	第二径脉 R_2	Radius$_2$	
	第三径脉 R_3	Radius$_3$	
	第四径脉 R_4	Radius$_4$	
	第五径脉 R_5	Radius$_5$	
	第一中脉 M_1	Medium$_1$	
	第二中脉 M_2	Medium$_2$	
	第三中脉 M_3	Medium$_3$	
	第一肘脉 Cu_1	Cubitus$_1$	
	第二肘脉 Cu_2	Cubitus$_2$	
	第一臀脉 1A	1st Anal	已经退化
	第二臀脉 2A	2nd Anal	
	第三臀脉 3A	3rd Anal	
后翅	亚前缘脉 + 第一径脉 Sc + R_1	Subcosta+Radius1	
	径总支脉 Rs	Radial sector	
	第一中脉 M_1	Medium$_1$	
	第二中脉 M_2	Medium$_2$	
	第三中脉 M_3	Medium$_3$	
	第一肘脉 Cu_1	Cubitus$_1$	
	第二肘脉 Cu_2	Cubitus$_2$	
	第一臀脉 1A	1st Anal	已经退化
	第二臀脉 2A	2nd Anal	
	第三臀脉 3A	3rd Anal	已经退化

目　录

凤蝶科 Papilionidae

弄蝶科 Hesperiidae

粉蝶科 Pieridae

灰蝶科 Lycaenidae

第一篇
总　论

浓紫彩灰蝶

江西齐云山国家级自然保护区蝴蝶概况

蝴蝶类群物种多样性丰富，分布范围广，对生境条件具有较强的专一性，对所处生态系统健康状况与气候变化情况极其敏感，因此常被作为生态环境指示生物类群。蝴蝶种群的时空动态和群落结构特征演变能够快速、有效地反映环境质量、生态系统健康程度以及人类活动干扰等生态环境状况，其多样性观测数据可作为各类型生态系统的重要评价依据。

江西齐云山国家级自然保护区地处南岭山地北坡，属中亚热带东部湿润型季风气候区，蝴蝶资源比较丰富，但是目前对其缺乏系统研究，蝴蝶多样性的现状及变化趋势不明确，因此在该地区开展蝴蝶类群的多样性研究十分必要。

2016 年 4 月至 2022 年 12 月，我们先后对江西齐云山国家级自然保护区的蝴蝶资源进行 29 次调查（其中，2016—2018 年每年 6 次调查），共观察统计蝴蝶 8758 只，经整理鉴定共有蝴蝶 5 科 117 属 208 种。

旖弄蝶

一、研究方法

1. 样地设置

蝴蝶的野外调查方法采取样线法，共涉及20条样线，通过样线法调查蝴蝶多样性并拍摄蝴蝶生态照片。其中，为了系统调查不同生境、人类活动、季节变化和年度变化对蝴蝶多样性的影响，在保护区内沿公路、小径、步道设置了5条2000m长的长期观测样线，样线生境主要包括常绿阔叶林、针阔混交林、农田和果园等。生境类型的界定主要参考《生物多样性观测技术导则蝴蝶》(HJ 710.9—2014)。蝴蝶观测样线基本信息详见表1。

表1　齐云山国家级自然保护区蝴蝶观测样线基本信息表

| 样线编号 | 名称 | 起点经纬度 | | 终点经纬度 | | 海拔范围（m） | 主要生境类型 | 平均郁闭度 | 人类干扰活动 | 样线性质 |
		N(°)	E(°)	N(°)	E(°)					
3600461001	上十八垒	25.877	114.032	25.893	114.037	925~1420	常绿阔叶林	0.95 ± 0.12	季节性旅游	长期观测样线
3600461002	下十八垒	25.833	114.031	25.847	114.029	671~719	常绿阔叶林加河流	0.55 ± 0.15	除草剂的使用	长期观测样线
3600461003	桶江	25.8200	114.056	25.805	114.052	563~614	针阔混交林	0.75 ± 0.11	基本没有	长期观测样线
3600461004	鸡公坝	25.821	114.089	25.816	114.097	607~827	针阔混交林	0.68 ± 0.13	基本没有	长期观测样线
3600461005	三角潭	25.796	114.115	25.808	114.127	369~438	农田和果园	0.45 ± 0.16	除草剂的使用	长期观测样线
2019001	正龙坳	25.877	114.031	25.891	114.037	930~1380	常绿阔叶林		基本没有	临时观测样线
2019002	茶坑	25.876	114.032	25.890	114.036	860~1300	常绿阔叶林		基本没有	临时观测样线
2019003	寨背龙	25.874	114.032	25.890	114.036	850~1290	针阔混交林		除草剂的使用	临时观测样线
2019004	中新地	25.882	114.036	25.883	114.037	930~1380	常绿阔叶林		基本没有	临时观测样线
2019005	棺材潭	25.8335	114.0308	25.8474	114.0285	670~719	常绿阔叶林		基本没有	临时观测样线
2019006	三江口	25.8336	114.0309	25.8475	114.0286	710~776	针阔混交林		基本没有	临时观测样线
2019007	霹雳坑	25.8337	114.0311	25.8338	114.0312	630~654	常绿阔叶林		基本没有	临时观测样线
2019008	田尾头	25.833	114.0307	25.833	114.0308	560~583	针阔混交林		基本没有	临时观测样线
2019009	冬瓜坪	25.833	114.0308	25.834	114.0309	456~489	常绿阔叶林		基本没有	临时观测样线
20190010	杨柳洞	25.8340	114.0308	25.8329	114.0307	410~426	针阔混交林		除草剂的使用	临时观测样线
20190011	梅子坪	25.8308	114.0308	25.8308	114.0309	468~516	常绿阔叶林		基本没有	临时观测样线
20190012	杉木坳	25.8308	114.0308	25.8308	114.0309	472~536	针阔混交林		基本没有	临时观测样线
20190013	高桥	25.8309	114.0310	25.8309	114.0311	574~624	常绿阔叶林		除草剂的使用	临时观测样线
20190014	大斜子	25.7965	114.1145	25.8080	114.1270	369~406	常绿阔叶林		基本没有	临时观测样线
20190015	龙背	25.8209	114.0889	25.8162	114.0976	607~729	常绿阔叶林		基本没有	临时观测样线

2. 调查时间及方法

调查时间为 2~12 月，每年 3~5 次。每次间隔至少 30 天。在晴朗和风力不大（三级以下）的白天 9:00~17:00 进行观测。观测时 3~4 人一组，以 1.0~1.5km/h 的速度沿固定样线匀速前进，记录样线左右各 2.5m、上方 5m、前方 5m 范围内见到的所有蝴蝶的种类和数量。对现场难以确定的物种先记录其个体数量，采集部分标本并尽可能拍摄其生态照片。将采集的蝴蝶标本用三角纸袋包装好，标注采集时间、生态照编号、采集地点等信息，带回实验室及时对照相关参考资料进行鉴定并完善观测记录表数据。

二、蝴蝶多样性概况

1. 蝴蝶群落组成

在江西齐云山国家级自然保护区共观测到蝴蝶个体 8758 只，归属 5 科 117 属 208 种，其中，蛱蝶科种类最多（86 种，占 41.4%），其次是弄蝶科（49 种，占 23.6%）、灰蝶科（34 种，占 16.3%）、凤蝶科（24 种，占 11.5%）和粉蝶科（15 种，占 7.2%）。

2. 蝴蝶类群的时间动态

不同年份所观测到的蝴蝶物种数差异不明显，5 条长期观测样线单次观测物种最多的是在 2016 年 9 月，达 81 种，单次观测物种最少的是在 2017 年 4 月，仅 45 种。同样的样线，不同年份所观测到的蝴蝶个体数差异较大，2016 年 5 条长期观测样线 6 次调查累计观测到的蝴蝶个体数（2792 只）要明显多于 2017 年（2009 只）和 2018 年（2145 只），这可能与 2017 年和 2018 年该保护区雨水较多有一定的关系。分析 2016 年的数据发现，从 4 月（233 只）开始，每次观测到的蝴蝶数目逐渐增长，到 9 月达到最高（686 只），10 月仍保持较高的水平（670 只），这可能与该保护区的气温、植物多样性及水文有一定的关系。总之，江西齐云山国家级自然保护区蝴蝶个体数从 4 月开始逐渐增加，6~7 月基本稳定并维持到 10 月；物种数在 4~10 月基本稳定（黄敦元等，2020），具有较高的多样性指数。

3. 蝶类区系组成

依据《中国蝶类志》，将 208 种蝴蝶分为东洋界、古北界、澳洲界和新北界。东洋界种类是优势类群，总计 193 种，占总种数的 92.8%。其中，蛱蝶科种类最多，有 86 种，占东洋界种类的 44.6%。其次是古北界种类，总计 46 种（其中，只在古北界分布的物种只有 5 种，其余 41 种在东洋界也有分布），占总种数的 22.1%。这说明江西齐云山国家级自然保护区的蝴蝶区系组成以东洋区分布类型为主。

第二篇
各 论

拟稻眉眼蝶

凤蝶科
PAPILIONIDAE

青凤蝶

碎斑青凤蝶 *Graphium chironides* (Honrath, 1884)

凤蝶科（Papilionidae）青凤蝶属（*Graphium*）

形态特征： 成虫翅展 65~75mm。体背面黑色，具绿毛，腹面淡白色。翅黑褐色，斑纹淡绿色或浅黄色。前翅中室有 5 个斑纹排成 1 列；亚顶角有 2 个斑点；亚外缘区有 1 列小斑；中区有 1 列斑从前缘伸到后缘，从前到后除第 2 斑外逐斑递长，最后一斑最长。后翅基半部有 5~6 个大小不同的纵斑；亚外缘区有 1 列点状斑；外缘波状而直。翅反面棕褐色，前翅斑纹淡绿色与正面相似。后翅亚外缘的斑列加宽，其内侧另有 5 个黄色斑纹；基部 2~3 个斑呈淡黄色。其余与正面相似。

正面♀

反面♂

寄主植物： 木兰科（Magnoliaceae）乐昌含笑（*Michelia chapensis*）、深山含笑（*Michelia maudiae*）、玉兰（*Magnolia denudata*）等植物。

习　　性： 该种在江西齐云山国家级自然保护区 1 年多代，且世代重叠现象明显，以蛹越冬。成虫期 3~11 月。

观蝶月份： 3、4、5、6、7、8、9、10、11。

分　　布： 中国分布于西藏、陕西、湖北、湖南、四川、云南、江西、浙江、福建、广西、广东、海南、台湾、香港等地。印度、尼泊尔、斯里兰卡、不丹、缅甸、泰国、印度尼西亚、日本等国也有分布。

本区分布： 桶江、鸡公坝、上十八垒、下十八垒、三角潭。

DNA 条形码： GenBank Accession：HM246463。

青凤蝶 *Graphium sarpedon* (Linnaeus, 1758)

凤蝶科（Papilionidae）青凤蝶属（*Graphium*）

正面

反面

形态特征： 成虫翅展 70~85mm。翅黑色或浅黑色。前翅有 1 列青蓝色的方斑，从顶角内侧开始斜向后缘中部，从前缘向后缘逐斑递增，近前缘的 1 斑最小，后缘的 1 斑变窄。后翅前缘中部到后缘中部有 3 个斑，其中，近前缘的 1 个斑白色或淡青白色；外缘区有 1 列新月形青蓝色斑纹；外缘波状，无尾突。雄蝶后翅有内缘褶，其中，密布灰白色的发香鳞。前翅反面除色淡外，其余与正面相似。后翅反面的基部有 1 条红色短线，中后区有数条红色斑纹，其他与正面相似。有春、夏型之分，春型稍小，翅面青蓝色斑列稍宽。

寄主植物： 樟科（Lauraceae）樟（*Cinnamomum camphora*）、肉桂（*Cinnamomum cassia*）、天竺桂（*Cinnamomum japonicum*）、月桂（*Laurus nobilis*）等植物。

习　　性： 该种在江西齐云山国家级自然保护区 1 年多代，且世代重叠现象明显，以蛹越冬。成虫期 3~11 月。

观蝶月份： 3、4、5、6、7、8、9、10、11。

分　　布： 中国分布于西藏、陕西、湖北、湖南、四川、云南、江西、浙江、福建、广西、广东、海南、台湾、香港等地。印度、尼泊尔、斯里兰卡、不丹、缅甸、泰国、印度尼西亚、日本等国也有分布。

本区分布： 桶江、三角潭、鸡公坝、上十八垒、下十八垒。

DNA 条形码： GenBank Accession：KF404158。

宽带青凤蝶 *Graphium cloanthus* (Westwood, 1841)

凤蝶科（Papilionidae）青凤蝶属（*Graphium*）

形态特征：成虫翅展 75~85mm。翅黑褐色。前翅有 1 列青绿色斑组成的宽横带，从顶角内侧开始斜向中部，从前缘数第 3 斑错位，且大于前后相邻的斑，其余斑从前向后逐斑递增，近前缘的 1 个斑最小，后缘 1 个斑狭长；中室内有 2 个斑，1 个略呈方形，另 1 个锥状。后翅基半部有 1 块大的三角形斑，青绿色，但近前缘部分色淡；亚外缘有 1 列青绿斑，近上角 1 个斑细小，有时不明显；外缘波状，尾突长。前翅反面外缘有 1 条浅色带，其余与正面相似；后翅反面除基部、中后区及臀角有红色斑外，其余与正面相似。

寄主植物：樟科（Lauraceae）樟（*Cinnamomum camphora*）、肉桂（*Cinnamomum cassia*）、天竺桂（*Cinnamomum japonicum*）、月桂（*Laurus nobilis*）等植物。

习　　性：该种在江西齐云山国家级自然保护区 1 年多代且世代重叠现象明显，以蛹越冬。成虫期 3~11 月。

观蝶月份：3、4、5、6、7、8、9、10、11。

分　　布：中国分布于广东、广西、台湾、福建、江西、湖南、四川、陕西等地。南亚、东南亚地区也有分布。

本区分布：鸡公坝、上十八垒、下十八垒、桶江。

DNA 条形码：GenBank Accession: KC158380。

正面

反面

统帅青凤蝶 *Graphium agamemnon* (Linnaeus, 1758)

凤蝶科（Papilionidae）青凤蝶属（*Graphium*）

形态特征： 成虫翅展 70~88mm。体背面黑色，两侧具淡黄色毛。翅黑褐色，斑纹黄绿色。前翅中室有8 个大小形状不同的斑；中室端外侧有 2 个小斑；从亚顶角开始斜穿中区到后缘有 1 列不规则形斑，大小逐斑递增；亚外缘区有 1 列与外缘平行的小斑，在臀角有 1 斑错位。后翅内缘有 1 条纵带从基部斜达臀角；另 1 条纵带从前缘亚基区斜向亚臀角，但中部被脉纹割断；中区和亚外缘区各有 1 列小斑；外缘波状，有尾突，雌长雄短。后翅近前缘的斑或带色淡或有白色。前翅反面棕褐色，斑纹颜色不同。后翅反面后缘中部有 1 个黑斑镶红边，其他与正面相似。

寄主植物： 木兰科（Magnoliaceae）鹅掌楸（*Liriodendron chinense*）、乐昌含笑（*Michelia chapensis*）、深山含笑（*Michelia maudiae*）等植物。

习　　性： 该种在江西齐云山国家级自然保护区 1 年多代，且世代重叠现象明显，以蛹越冬。成虫期3~11 月。

观蝶月份： 3、4、5、6、7、8、9、10、11。

分　　布： 中国分布于广东、广西、台湾、福建、江西、湖南、四川、陕西等地。南亚、东南亚等地区也有分布。

本区分布： 下十八垒。

DNA 条形码： GenBank Accession：KF404384。

褐钩凤蝶 *Meandrusa sciron* (Leech, 1890)

凤蝶科（Papilionidae）钩凤蝶属（*Meandrusa*）

形态特征：成虫翅展 80~98mm。体、翅黑褐色，斑纹黄色。前翅中室端部有 1 个三角形黑斑；中室端外侧的亚顶区有 1 纵列大小不一的黄色斑点；中带宽，从中室下角附近开始直到后缘；在中带上端外侧还有 2 个小斑；外缘区中下部有 1 列斑。后翅中带宽，亚外缘有 1 列新月形黄斑；外缘波状，镶有黄边；尾突细，末端圆或尖细。前翅反面基半部色深，中带灰白色，外缘界限不清楚；中带以外部分不同程度色淡；斑纹比正面模糊；后翅反面有波状亚外缘线，中室端部有 1 个黑色眼斑。

寄主植物：樟科（Lauraceae）樟属（*Cinnamomum*）和楠属（*Photinia*）植物。

习　　性：该种在江西齐云山国家级自然保护区一年发生 1 代，以 4~5 龄幼虫越冬。成虫期主要集中在 6~9 月。

观蝶月份：6、7、8、9。

分　　布：中国分布于长江以南各地区。印度、不丹、马来西亚等国也有分布。

本区分布：上十八垒、桶江、鸡公坝。

DNA 条形码：GenBank Accession：GQ268352。

金斑喙凤蝶 *Teinopalpus aureus* Mell, 1923

凤蝶科（Papilionidae）喙凤蝶属（*Teinopalpus*）

正面

正面

形态特征： 中型凤蝶，成虫翅展 75~100mm。雌雄异型，雌性个体较雄性个体更大。雄性体、翅呈现出的翠绿色是因其满布翠绿色鳞片，而底色实为黑褐色。前翅有 1 条内侧黑色而外侧黄绿色的斜横带，从前缘基部的 1/3 处斜向后缘的中部。后翅外缘齿状，有翠绿色月牙形斑纹，在月牙形斑纹内侧有相应金黄色斑纹，但是较少；中域有金黄色大斑。雌性前翅正面翠绿色较少，大致与雄性反面相似；后翅正面中域大斑呈灰白色或白色，外缘月牙形斑呈黄色和白色，外缘齿突加长。

寄主植物： 木兰科（Magnoliaceae）深山含笑（*Michelia maudiae*）、乐昌含笑（*Michelia chapensis*）、木莲（*Manglietia fordiana*）、金叶含笑（*Michelia foveolata*）等植物。

习　　性： 该种在江西齐云山国家级自然保护区 1 年发生 2 代，以蛹越冬，翌年 5 月上旬越冬蛹开始羽化。成虫期主要集中在 5、8 月。

观蝶月份： 5、8。

分　　布： 中国分布于广东、广西、江西、海南等地。

本区分布： 上十八垒。

DNA 条形码： GenBank Accession：OR830778.1。

红珠凤蝶 *Pachliopta aristolochiae* (Fabricius, 1775)

凤蝶科（Papilionidae）珠凤蝶属（*Pachliopta*）

形态特征：成虫翅展 70~94mm。体背黑色，颜面、胸侧、腹部末端密生红色毛。前、后翅黑色，脉纹两侧灰白色或棕褐色，有的个体前翅中、后区和亚外缘区色淡，或呈黑褐色或棕褐色。后翅中室外侧的白斑列 3~5 个，具 3 个斑的呈小字排列；外缘波状，翅缘有 6~7 个粉红色或黄褐色斑，多为弯月形。翅反面与正面相似，后翅反面斑比正面明显，臀缘有 1 条红斑纹。

寄主植物：马兜铃科（Aristolochiaceae）马兜铃属（*Aristolochia*）马兜铃（*Aristolochia debilis*）和管花马兜铃（*Aristolochia tubiflora*）等植物。

习　　性：该种在江西齐云山国家级自然保护区一年 2~3 代，以蛹越冬。成虫期 5~10 月。

观蝶月份：5、6、7、8、9、10。

分　　布：中国分布于长江以南地区。印度、泰国、越南等国也有分布。

本区分布：三角潭。

DNA 条形码：GenBank Accession：KF226556。

正面

幼虫

金裳凤蝶 *Troides aeacus* (Felder et Felder, 1860)

凤蝶科（Papilionidae）裳凤蝶属（*Troides*）

形态特征：成虫翅展 105~150mm。前翅黑色翅脉两侧的灰白色鳞片明显，后翅金黄色，黑斑仅位于翅边缘，从侧后方观察其后翅有荧光。雄蝶后翅的金黄色，在逆光下看，会呈现出类似珍珠在光照下反射出变幻光彩。随着光线角度的变化，有青、绿、紫色在变幻。雄蝶正面沿内缘有褶皱，内有发香软毛（性标），并有长毛。雌雄蝴蝶前翅相似，都有浅色脉纹，主要区别在后翅，雄性大面积泛着金黄色，而雌性一旦展翅，就能看到其翅膀上 5 个标志性的金色"A"字，这也是最明显的特征。

寄主植物：马兜铃科（Aristolochiaceae）马兜铃属（*Aristolochia*）马兜铃（*Aristolochia debilis*）和管花马兜铃（*Aristolochia tubiflora*）等植物。

习　　性：该种在江西齐云山国家级自然保护区一年 2~3 代，偶有 4 代，以蛹越冬。成虫期 5~10 月。

观蝶月份：5、6、7、8、9、10。

分　　布：中国分布于广东、江西、浙江、广东、云南、海南、台湾等地。泰国、越南、缅甸、印度等国也有分布。

本区分布：三角潭。

DNA 条形码：GenBank Accession：AB576495。

麝凤蝶 *Byasa alcinous* (Klug, 1836)

凤蝶科（Papilionidae）麝凤蝶属（*Byasa*）

形态特征： 身躯呈红色，较大，空中飞舞时其尾部展开，飞行缓慢。雄蝶常围绕大树盘旋飞翔，雌蝶则多在花间飞行。雄蝶后翅 4~5 室有白斑，2~4 室外缘及尾突端有红色斑纹。尾突呈弯匙状。雌蝶斑纹和雄蝶相似，雌体形较大，前后翅较圆钝。

寄主植物： 马兜铃科（Aristolochiaceae）马兜铃属（*Aristolochia*）马兜铃（*Aristolochia debilis*）和管花马兜铃（*Aristolochia tubiflora*）等植物。

习　　性： 该种在齐云山国家级自然保护区一年 4~5 代，以蛹越冬。成虫期每年 4~10 月，以 3 代最为活跃。

观蝶月份： 4、5、6、7、8、9、10。

分　　布： 该种属于广布种，中国分布于各地。日本、老挝、越南等国也有分布。

本区分布： 桶江、鸡公坝。

DNA 条形码： GenBank Accession：GU696030.1。

长尾麝凤蝶 *Byasa impediens* (Rothdchild, 1895)

凤蝶科（Papilionidae）麝凤蝶属（*Byasa*）

形态特征：中型凤蝶，成虫翅展 75~90mm。翅型较窄长，前、后翅均为黑色，后翅反面后缘有红色斑纹。前翅脉纹两侧灰色或黄褐色。后翅外缘波状，有大弯月形红色斑，臀斑变形，尾突长。前翅反面色淡，后翅反面色变深而红色斑更明显，有的臀缘比正面增加 1 个红斑。

寄主植物：马兜铃科（Aristolochiaceae）马兜铃属（*Aristolochia*）马兜铃（*Aristolochia debilis*）和管花马兜铃（*Aristolochia tubiflora*）等植物。

习　　性：该种在江西齐云山国家级自然保护区一年 3~4 代，以蛹越冬。成虫期 4~10 月。

观蝶月份：4、5、6、7、8、9、10。

分　　布：中国分布于在江西、福建、广东、广西、台湾、湖南及西部地区。

本区分布：桶江。

DNA 条形码：GenBank Accession: AB377315.1。

灰绒麝凤蝶　*Byasa mencius* (Felder et Felder, 1862)

凤蝶科（Papilionidae）麝凤蝶属（*Byasa*）

形态特征： 成虫翅展 100~120mm。两性翅黑褐色，前翅较后翅淡，雌比雄色淡。春季标本较夏季标本后翅短。雄后翅后缘翅折中香鳞毛白色或灰色，并富有光泽；红色亚缘新月纹更大。雄性抱器有 2 个相近的突起。

寄主植物： 马兜铃科（Aristolochiaceae）马兜铃属（*Aristolochia*）马兜铃（*Aristolochia debilis*）和管花马兜铃（*Aristolochia tubiflora*）等植物。

习　　性： 该种在江西齐云山国家级自然保护区一年发生 3~4 代，以蛹越冬。成虫期 4~10 月。

观蝶月份： 4、5、6、7、8、9、10。

分　　布： 中国分布于中部和东部地区。

本区分布： 桶江、三角潭。

DNA 条形码： GenBank Accession：AB086947.1。

正面

反面

褐斑凤蝶 *Chilasa agestor* Gray, 1831

凤蝶科（Papilionidae）斑凤蝶属（*Chilasa*）

形态特征： 成虫翅展 90~100mm，体黑色有灰色纹，前翅灰色，具黑色翅脉纹；后翅前半部灰色，翅脉纹黑色，但后翅后半部有一大型棕色斑。前翅反面顶角为棕色，后翅反面全部为棕色。

寄主植物： 樟科（Lauraceae）樟属（*Cinnamomum*）和楠属（*Photinia*）植物。

习　　性： 该种在江西齐云山国家级自然保护区一年 1 代，以蛹越夏越冬。成虫期 3~5 月。

观蝶月份： 3、4、5。

分　　布： 中国分布于西南、华南、华中地区及台湾。尼泊尔、缅甸、泰国、马来西亚、印度等国也有分布。

本区分布： 上十八垒、桶江、鸡公坝。

DNA 条形码： GenBank Accession：EU559042.1。

金凤蝶 *Papilio machaon* Linnaeus, 1758

凤蝶科（Papilionidae）凤蝶属（*Papilio*）

形态特征：成虫翅展 90~120mm。体黑色或黑褐色，胸背有 2 条八字形黑带。翅黑褐色至黑色，斑纹黄色或黄白色。前翅基部的三分之一有黄色鳞片；中室端半部有 2 个横斑；中后区有 1 纵列斑，从近前缘开始向后缘排列，除第 3 斑及最后 1 斑外，大致是逐斑递增；外缘区有 1 列小斑。后翅基半部被脉纹分隔的各斑占据，亚外缘区有不十分明显的蓝斑，亚臀角有红色圆斑，外缘区有月牙形斑；外缘波状，尾突长短不一。翅反面基本被黄色斑占据，蓝色斑比正面清楚。

寄主植物：伞形科（Umbelliferae）中华水芹（*Oenanthe sinensis*）、野胡萝卜（*Daucus carota*）、白花前胡（*Peucedanum praeruptorum*）等植物。

习　　性：该种在江西齐云山国家级自然保护区一年发生 2 代，以蛹越冬。5~6 月成虫为春型，体形较小，7~8 月成虫为夏型，体形较大。

观蝶月份：5、6、7、8、9。

分　　布：中国分布于黑龙江、吉林、河北、河南、山东、新疆、陕西、甘肃、云南、西藏、浙江、福建、江西、广西、广东、台湾等地。欧洲、北非、北美洲地区及俄罗斯等国也有分布。

本区分布：三角潭、桶江。

DNA 条形码：GenBank Accession：MN142930。

正面

反面

柑橘凤蝶 *Papilio xuthus* Linnaeus, 1767

凤蝶科（Papilionidae）凤蝶属（*Papilio*）

正面

反面

形态特征： 成虫翅展 90~110mm。体、翅的颜色随季节不同而变化，翅上的花纹黄绿色或黄白色。前翅中室基半部有放射状斑纹 4~5 条，到端部断开几乎相连，端半部有 2 个横斑；外缘排列十分整齐而规则。后翅基半部的斑纹都是顺脉纹排列，被脉纹分割；在亚外缘区有 1 列蓝色斑，有时不明显；外缘区有 1 列弯月形斑纹，臀角有 1 个环形或半环形红色斑纹。翅反面色稍淡，前、后翅亚外区斑纹明显，其余与正面相似。

寄主植物： 芸香科（Rutaceae）柑橘属（*Citrus*）植物及花椒属（*Zanthoxylum*）花椒（*Zanthoxylum*）、竹叶花椒（*Zanthoxylum armatum*）等植物。

习　　性： 该种在江西齐云山国家级自然保护区一年发生 4~5 代，以蛹越冬。成虫期 4~10 月。

观蝶月份： 4、5、6、7、8、9、10。

分　　布： 中国分布于广大地区。越南、缅甸（北部）、日本、朝鲜等国也有分布。

本区分布： 三角潭、鸡公坝、下十八垒。

DNA 条形码： GenBank Accession: GU696032。

巴黎翠凤蝶 *Papilio paris* Linnaeus, 1758

凤蝶科（Papilionidae）凤蝶属（*Papilio*）

形态特征： 中型凤蝶，成虫翅展 75~90mm。躯体黑褐色，散布绿色亮鳞。后翅 M_3 脉端有一明显叶状尾突。翅背面底色黑褐色，密布亮鳞，后翅前侧有 1 枚蓝绿色亮斑，与后翅中央之绿色亮线连接。后翅臀区有一紫红色圈纹。翅腹面底色褐色，于前翅外侧有灰白色斑带；后翅内侧有一片黄褐色鳞，沿外缘有 1 列紫红色弦月纹。雄蝶前翅反面后侧有褐色绒毛状性标。

寄主植物： 芸香科（Rutaceae）飞龙掌血（*Toddalia asiatica*）、三桠苦（*Evodia lepta*）等植物。

习　　性： 该种在江西齐云山国家级自然保护区 1 年发生 3~4 代，以蛹越冬，翌年 3 月下旬越冬蛹开始羽化。成虫期 4~10 月。

观蝶月份： 4、5、6、7、8、9、10。

分　　布： 中国分布于广东、广西、江西、台湾、海南、云南、陕西等地。越南、泰国、缅甸、印度等国也有分布。

本区分布： 三角潭、鸡公坝、桶江、上十八垒。

DNA 条形码： GenBank Accession：AY457574。

正面

反面

碧凤蝶 *Papilio bianor* Cramer, 1777

凤蝶科（Papilionidae）凤蝶属（*Papilio*）

正面

反面

形态特征：成虫翅展 90~135mm。体、翅黑色，满布翠绿色鳞片，在脉纹间更集中，已表现出翠绿带。雄蝶前翅在 cu_2~m_3 室有天鹅绒状的性标。后翅翠绿色鳞片有的均匀散布，有的集中在基半部，有的集中在上角附近呈翠蓝色，有的集中在中后区的上半部。亚外缘有 1 列弯月形蓝色斑纹和红色斑纹；外缘波状；臀角有红色环形斑纹。前翅反面亚外缘区有灰黄色或灰白色宽带，由后缘向前缘放射，越接近前缘越宽，颜色越淡。后翅反面亚外缘区红色月牙形或钩形斑纹十分明显，其余与正面相似。

寄 主 植 物：芸香科（Rutaceae）吴茱萸（*Evodia rutaecarpa*）、花椒（*Zanthoxylum bungeanum*）等植物。

习　　　性：该种在江西齐云山国家级自然保护区一年 2 代，第一代发生在 4~6 月，第二代发生在 8~9 月，以蛹越冬。成虫期 4~10 月。

观蝶月份：4、5、6、7、8、9、10。

分　　　布：中国分布于南方广大地区。越南（北部）、缅甸、印度、日本、朝鲜等国也有分布。

本区分布：三角潭、鸡公坝、桶江、上十八垒、下十八垒。

DNA 条形码：GenBank Accession：HM175729。

穹翠凤蝶 *Papilio dialis* Leech, 1893

凤蝶科（Papilionidae）凤蝶属（*Papilio*）

形态特征： 成虫翅展 90~110mm。体、翅黑色，翅满布翠绿色或草黄色鳞片。前翅脉纹两侧翠绿色鳞片更为集中（有些无翠绿色鳞者则色浅），脉纹两侧呈灰褐色。雄性在前翅 M_3、Cu_1、Cu_2 及 2A 脉上有较宽的天鹅绒般的性标。后翅外缘区有 6 个不太明显的弯月形蓝色和粉红色斑，臀角有大半环形红斑纹；外缘波状，波谷镶有白边，尾突较短。前翅反面脉纹两侧灰白色，后翅反面外缘的弯月形斑非常清晰，粉红色，其余同正面。

寄主植物： 芸香科（Rutaceae）吴茱萸（*Evodia rutaecarpa*）、花椒（*Zanthoxylum bungeanum*）等植物。

习　　性： 该种在江西齐云山国家级自然保护区一年 3~4 代，以蛹越冬。成虫期 4~11 月。

观蝶月份： 4、5、6、7、8、9、10、11。

分　　布： 中国分布于广东、江西、广西、浙江、海南、台湾等地。柬埔寨、泰国、越南、缅甸、老挝等国也有分布。

本区分布： 桶江、鸡公坝、上十八垒

DNA 条形码： GenBank Accession：JQ982071。

正面

反面

玉斑凤蝶 *Papilio helenus* Linnaeus, 1758

凤蝶科（Papilionidae）凤蝶属（*Papilio*）

形态特征： 成虫翅展 90~110mm。雌雄同型，体翅皆黑色。后翅正面中室外有 3 个并列的白色斑，亚外缘有 1 列模糊的新月形红色斑，有尾突 1 根。后翅反面亚外缘有 1 列醒目的新月形红斑，臀角处有圆形红色斑 1~2 个。雌蝶颜色浅褐色。

寄主植物： 芸香科（Rutaceae）飞龙掌血（*Toddalia asiatica*）、三桠苦（*Evodia lepta*）等植物。

习　　性： 该种在江西齐云山国家级自然保护区一年 4~5 代，以蛹越冬。成虫期 4~9 月。

观蝶月份： 4、5、6、7、8、9。

分　　布： 中国分布于中南部地区。印度、日本、朝鲜及东南亚各国也有分布。

本区分布： 桶江、三角潭、鸡公坝、下十八垒、上十八垒。

DNA 条形码： GenBank Accession: KF226559。

玉带凤蝶　*Papilio polytes* Linnaeus, 1758

凤蝶科（Papilionidae）凤蝶属（*Papilio*）

形态特征：成虫翅展 95~111mm。雌、雄异型。雄蝶体及翅黑色，脉纹色略深；外缘有 1 列白斑，各斑被黑色脉纹穿过好似成对的白斑，由前缘向后缘逐斑递增。后翅中后区有 1 列白斑；外缘波状，有尾突。后翅反面外缘凹陷处有橙色点，亚外缘有 1 列橙色新月形斑，其余与正面相似。雌蝶多型，主要有白带型、白斑型、赤斑型 3 种类型。翅反面与正面大致相似。

寄主植物：芸香科（Rutaceae）柑橘属（*Citrus*）植物。

习　　性：该种在江西齐云山国家级自然保护区一年发生 4~6 代，世代重叠现象明显，以蛹越冬。成虫期 4~11 月。

观蝶月份：4、5、6、7、8、9、10。

分　　布：该种属于广布种，中国广泛分布于河北、甘肃、青海及华中、华南和西南地区。南亚、东南亚地区及日本等国也有分布。

本区分布：桶江、三角潭、鸡公坝。

DNA 条形码：GenBank Accession: LC189127.1。

正面

反面

美凤蝶 *Papilio memnon* Linnaeus, 1758

凤蝶科（Papilionidae）凤蝶属（*Papilio*）

正面

反面

形态特征：成虫翅展 105~130mm。雄蝶翅正面蓝黑色，基半部色深，呈天鹅绒状。前翅反面中室基部有 1 个大红斑，该斑有时在前翅正面亦出现；后翅反面基部红斑常被翅脉分割为几个小红斑，亚外缘有 2 列外围蓝环的黑斑，在臀角处的蓝环成为红色。雌蝶多态，分有尾型和无尾型。有尾型前翅基部除中室有红斑外，其余部分为灰白色；后翅黑色，有白色中域斑，边缘红色。无尾型后翅基部黑色，中室外各室白色，边缘有黑色圆斑。

寄主植物：芸香科（Rutaceae）柑橘属（*Citrus*）植物。

习　　性：该种在江西齐云山国家级自然保护区一年 3~4 代，以蛹越冬。成虫几乎全年可见，主要发生期集中在 3~10 月。

观蝶月份：3、4、5、6、7、8、9、10。

分　　布：中国分布于海南、广东、福建、浙江、江西、湖北、湖南、广西、四川、台湾等地。日本、印度、斯里兰卡、缅甸、泰国等国也有分布。

本区分布：桶江、三角潭、上十八垒、下十八垒、鸡公坝。

DNA 条形码：GenBank Accession：LD700034.1。

蓝凤蝶 *Papilio protenor* Cramer, 1775

凤蝶科（Papilionidae）凤蝶属（*Papilio*）

形态特征：成虫翅展 100~130mm，体、翅黑色，有靛蓝色天鹅绒光泽，属于雌、雄异型。雄性后翅前缘有一条白色或黄白色纵带，臀角有 1 个外围红环的黑斑，个体一般比雌性小，翅面蓝色鳞较少。雌性前翅脉纹两侧灰白色明显，后翅蓝色鳞片多集中于中部或前缘区附近，臀角比雄蝶多 1 个弧形红斑。前翅反面色淡，脉纹两侧色更淡，后翅反面上角及下边有 3 条环形红色斑纹（有时有 2 条），臀角有红色环形或弯月形斑纹 2 条。

寄主植物：芸香科（Rutaceae）花椒（*Zanthoxylum bungeanum*）、竹叶花椒（*Zanthoxylum armatum*）及柑橘属植物等。

习　　性：该种在江西齐云山国家级自然保护区一年 2~3 代，以蛹越冬。成虫期 3~9 月。

观蝶月份：4、5、6、7、8、9。

分　　布：中国分布于长江以南及陕西、河南、山东、西藏等地。印度、尼泊尔、不丹、缅甸、越南、朝鲜、日本等国也有分布。

本区分布：桶江、三角潭、鸡公坝、上十八垒、下十八垒。

DNA 条形码：GenBank Accession：LC189129.1。

正面

反面

宽带凤蝶 *Papilio nephelus* Boisduval, 1836

凤蝶科（Papilionidae）凤蝶属（*Papilio*）

正面

反面

形态特征： 成虫翅展 92~146mm。体、翅黑色。雄蝶后翅正面具 4 个白色或淡黄色白大斑列；前翅反面臀角具淡蓝色斑；后翅反面大白斑后面还有小黄斑，连成一横列，外缘有黄色新月斑。雌蝶翅斑纹比雄蝶翅更清晰、粗大。本种似玉斑凤蝶（*P. helenus*），但雌蝶后翅斑纹差异明显。

寄主植物： 芸香科飞龙掌血（*Toddalia asiatica*）、三桠苦（*Evodia lepta*）等植物。

习　　性： 该种在江西齐云山国家级自然保护区一年 4~5 代，以蛹越冬。成虫期 4~9 月。

观蝶月份： 4、5、6、7、8、9。

分　　布： 中国分布于江西、广西、云南、福建、台湾等地。泰国、缅甸、不丹、尼泊尔、马来西亚、印度尼西亚等国也有分布。

本区分布： 三角潭、上十八垒、下十八垒、桶江、鸡公坝。

DNA 条形码： GenBank Accession：AB377367。

丝带凤蝶 *Sericinus montela* Grey, 1852

凤蝶科（Papilionidae）丝带凤蝶属（*Sericinus*）

形态特征：成虫翅展 51~70mm。雌雄异型，雄蝶翅面白色，有黑色斑纹，前后翅外缘有断续的红色；雌蝶翅面黄色有黑褐色斑纹。前翅基角、前缘、顶角及外缘黑色或黑褐色；中室中部和端部各有 1 个黑色条斑；中后区有 1 列大小、形状都不规则的黑斑。

寄主植物：马兜铃科（Aristolochiaceae）马兜铃（*Aristolochia debilis*）等植物。

习　　性：该种在江西齐云山国家级自然保护区 1 年多代且世代重叠明显，以蛹越冬。成虫期 6~9 月。

观蝶月份：6、7、8、9、10。

分　　布：该种属于广布种，中国广泛分布于多地。朝鲜、日本、韩国等国也有分布。

本区分布：三角潭、上十八垒、桶江、鸡公坝。

DNA 条形码：GenBank Accession：OL664118.1。

宽尾凤蝶 *Agehana elwesi* (Leech, 1889)

凤蝶科（Papilionidae）宽尾凤蝶属（*Agehana*）

正面

反面

形态特征： 成虫翅展 100~125mm。体、翅黑色。翅面散生黄色鳞片，脉纹清晰，翅脉两侧及后翅基部呈灰白或灰黄色；前翅前缘色深，中室内有数条黑色纵纹。后翅外缘波状，波谷红色，外缘区有 6 个弯月形红色斑纹，尾突宽大呈靴形，是本种的主要特征。

寄主植物： 木兰科（Magnoliaceae）凹叶厚朴（*Magnolia officinalis* subsp. *biloba*）、厚朴（*Magnolia officinalis*）等植物。

习　　性： 该种在江西齐云山国家级自然保护区一年 2 代，以蛹越冬。成虫期 5~9 月。

观蝶月份： 5、6、7、8、9。

分　　布： 中国分布于四川、陕西、湖北、江西、浙江、福建、广东、广西等地。

本区分布： 桶江、上十八垒。

DNA 条形码： GenBank Accession：无。

弄蝶科
HESPERIIDAE

白弄蝶

绿弄蝶 *Choaspes benjaminii* (Guérin-Méneville, 1843)

弄蝶科（Hesperiidae）绿弄蝶属（*Choaspes*）

正面

反面

形态特征：成虫翅展 45~56mm，成虫飞行迅速，前翅正面暗褐色，基部绿色；后翅臀角沿外缘有橙黄色带。前翅反面黄绿色，翅脉黑色；后翅臀角橙红色斑纹在 2a 室至 cu_1 室间向内突出。

寄主植物：清风藤科（Sabiaceae）清风藤（*Sabia japonica*）、笔罗子（*Meliosma rigida*）、红柴枝（*Meliosma oldhamii*）等植物。

习　　性：该种在江西齐云山国家级自然保护区一年 2~3 代，以成虫越冬。成虫期 4~12 月，其中，盛发期集中在 5~8 月。

观蝶月份：5、6、7、8。

分　　布：该种属于广布种，中国广泛分布于陕西、河南、浙江、湖北、江西、福建、台湾、广东、广西、香港、云南等地。越南、缅甸、泰国、马来西亚、印度尼西亚、印度、斯里兰卡等国也有分布。

本区分布：桶江。

DNA 条形码：GenBank Accession: GU372596。

半黄绿弄蝶 *Choaspes hemixanthus* Rothschild et Jordan, 1903

弄蝶科（Hesperiidae）绿弄蝶属（*Choaspes*）

形态特征：成虫翅展 45~56mm。两翅基部草绿色，外缘褐色。两翅反面草绿色，翅脉黑色，后翅臀角具橙红色斑，下唇须黄色。本种与绿弄蝶（*C. benjaminii*）相似，但正面基半部较暗，前翅反面外缘发暗。

寄主植物：清风藤科（Sabiaceae）清风藤（*Sabia japonica*）、笔罗子（*Meliosma rigida*）、红柴枝（*Meliosma oldhamii*）等植物。

习　　性：该种在江西齐云山国家级自然保护区一年多代，以成虫和蛹越冬。成虫期 4~12 月，其中，盛发期集中在 5~8 月。

观蝶月份：5、6、7、8。

分　　布：该种属于广布种，中国广泛分布于陕西、河南、浙江、湖北、江西、福建、台湾、广东、广西、香港、云南等地。越南、缅甸、泰国、马来西亚、印度尼西亚、印度、斯里兰卡等国也有分布。

本区分布：三角潭。

DNA 条形码：GenBank Accession：KM895477。

正面

反面

白伞弄蝶 *Bibasis gomata* (Moore, 1865)

弄蝶科（Hesperiidae）伞弄蝶属（*Bibasis*）

形态特征： 成虫翅展 58~70mm，该种为大型弄蝶。触角基半段黄褐色，端半段黑褐色，复眼黑色，体被黄褐色长毛。翅黑褐色，基部被黄褐色长毛，无斑，缘毛灰白色，后翅臀角处缘毛黄褐色。翅反面被蓝绿色鳞，翅脉黑褐色，各翅室有黑色纵条纹，前翅中后部黑褐色。

寄主植物： 五加科（Araliaceae）树参（*Dendropanax dentiger*）等植物。

习　　性： 该种在江西齐云山国家级自然保护区一年多代，以成虫越冬。成长期几乎常年可见，其中，成虫盛发期在 5~10 月。

观蝶月份： 5、6、7、8、9、10。

分　　布： 该种在中国分布于江西、广东、福建、广西、云南、海南、台湾等南方地区。

本区分布： 桶江、鸡公坝。

DNA 条形码： GenBank Accession：MH310197。

大伞弄蝶 *Bibasis miracula* Evans, 1949

弄蝶科（Hesperiidae）伞弄蝶属（*Bibasis*）

形态特征： 成虫翅展 45~50mm，该种为大型弄蝶。触角基半段黄褐色，端半段黑褐色，复眼黑色，体被黄褐色长毛。翅黑褐色，基部被黄褐色长毛，无斑，缘毛灰白色，后翅臀角处缘毛黄褐色。翅反面被蓝绿色鳞，翅脉黑褐色，各翅室有黑色纵条纹，前翅中后部黑褐色。

寄主植物： 五加科（Araliaceae）鹅掌柴（*Schefflera octophylla*）等植物。

习　　性： 该种在江西齐云山国家级自然保护区一年多代，以蛹越冬。成虫期 4~11 月。

观蝶月份： 4、5、6、7、8、9、10、11。

分　　布： 中国分布于江西、广东、福建、广西、云南、广西、海南、台湾等南方地区。国外未见相关报道。

本区分布： 桶江、下十八垄、鸡公坝。

DNA 条形码： GenBank Accession: MH310197。

正面

反面

无趾弄蝶 *Hasora anura* de Nicéville, 1889

弄蝶科（Hesperiidae）趾弄蝶属（*Hasora*）

正面

反面

形态特征：成虫翅展 40~45mm。雄蝶翅表黑褐色，前翅近顶角有 3 个小白点；翅反面色较浅，前翅近顶角有 1 个小白点，中域黑褐色；后翅亚外缘灰绿色。雌蝶前翅近顶角有 3 个小白点，中室、cu_1 室、m_2 室各有 1 个白斑，cu_2 室外缘有小的白黄色条纹，臀角突出不明显，无黑色臀角斑。

寄主植物：豆科（Leguminosae）亮叶鸡血藤（*Callerya nitida*）、密花豆（*Spatholobus suberectus*）等植物。

习　　性：该种在江西齐云山国家自然保护区一年 1 代，以成虫越冬。成虫期 5~12 月，其中，盛发期集中在 6~9 月。

观蝶月份：6、7、8、9。

分　　布：中国分布于浙江、江西、福建、台湾、海南、香港、四川、云南等地。缅甸、泰国、印度等国也有分布。

本区分布：鸡公坝、上十八垒。

DNA 条形码：GenBank Accession: KR189008。

河伯锷弄蝶 *Aeromachus inachus* (Ménétriès, 1859)

弄蝶科（Hesperiidae）锷弄蝶属（*Aeromachus*）

形态特征： 成虫翅展 25~28mm，属小型蝶类。前翅外横带有 7~8 个小白点，排成弧形，中室端有 1 个小白点；后翅正面无斑纹。前翅反面有外横带和亚缘带白点列，后翅脉纹色淡，脉间散许多黑色三角斑。多见于山地林区树荫处，数量稀少。

寄主植物： 禾本科（Gramineae）芒属（*Miscanthus*）植物。

习　　性： 该种在江西齐云山国家级自然保护区一年发生 2 代，以幼虫越冬。成虫期 5~10 月。

观蝶月份： 5、6、7、8、9、10。

分　　布： 中国分布于黑龙江、吉林、浙江、甘肃、山西、山东、河南、陕西、湖北、江西、福建、台湾、四川、贵州、云南等地。朝鲜、日本、越南、泰国等国也有分布。

本区分布： 鸡公坝。

DNA 条形码： GenBank Accession：GU372590。

小锷弄蝶 *Aeromachus nanus* (Fabricius, 1775)

弄蝶科（Hesperiidae）锷弄蝶属（*Aeromachus*）

正面

反面

形态特征：成虫翅展 18~21mm。翅黑褐色，无斑纹。前翅 r_3~r_5 室各有 1 个小斑，中室端有 1 个小斑，亚外缘上部有 1 列模糊小斑。后翅亚外缘有 1 列模糊小斑，中域有 1 列小斑排列成弧形，中室端斑稍大。前翅反面前缘、外缘上部和后翅被黄褐色鳞，斑纹黄白色。

寄主植物：禾本科（Gramineae）芒属（*Miscanthus*）植物。

习　　性：该种在江西齐云山国家级自然保护区一年发生 2 代，以幼虫越冬。成虫期 4~9 月。

观蝶月份：4、5、6、7、8、9。

分　　布：中国分布于浙江、广东、海南、云南、江西等地。印度、马来西亚、泰国等国也有分布。

本区分布：三角潭、上十八垒、桶江。

DNA 条形码：GenBank Accession: MK344808.1。

南岭陀弄蝶 *Thoressa xiaoqingae* (Huang et Zhan, 2004)

弄蝶科（Hesperiidae）陀弄蝶属（*Thoressa*）

形态特征：成虫翅展 30~41mm。翅黑褐色，斑纹白色，缘毛黑白相间。前翅亚顶区有 2 个小白点，m_3 室和 cu_1 室各有 1 个白斑，上半室白斑很小，有时消失。翅反面黄褐色至红褐色，亚外缘有 1 列模糊的淡黄色斑。前翅反面后半部暗褐色，斑纹同正面。后翅反面中域 5 个淡黄斑呈弧形排列。

寄主植物：禾本科（Gramineae）箬竹（*Indocalamus tessellatus*）等植物。

习　　性：该种在江西齐云山国家级自然保护区一年 2~3 代，以蛹越冬。成虫期 4~9 月。

观蝶月份：4、5、6、7、8、9。

分　　布：中国广泛分布于华南地区。

本区分布：上十八垒、下十八垒、桶江、鸡公坝。

DNA 条形码：GenBank Accession：无。

地藏酣弄蝶 *Halpe dizangpusa* Huang, 2002

弄蝶科（Hesperiidae）酣弄蝶属（*Halpe*）

形态特征：成虫翅展 30~40mm。翅黑褐色，斑纹白色。前翅亚顶区 r_3~r_5 室斑排成斜列，r_3 室斑稍外移，r_3 室斑近楔形，cu_1 室斑近平行四边形，中室内仅有 1 个上中室斑，cu_2 室有黑色性标。后翅无斑。反面前翅上半部和后翅被黄褐色鳞。前翅反面亚外缘有 1 列黄白色斑。后翅反面亚外缘黄白色斑列不整齐，中域有大小不一条状斑。

寄主植物：禾本科（Gramineae）竹类植物。

习　　性：该种在江西齐云山国家级自然保护区一年 2 代，以幼虫越冬。2 代成虫期分别在 5~6 月、8~10 月。

观蝶月份：5、6、8、9、10。

分　　布：中国分布于华南、华中地区。国外未见相关报道。

本区分布：上十八垒、下十八垒、桶江、鸡公坝。

DNA 条形码：GenBank Accession：MK344837.1。

钩形黄斑弄蝶 *Ampittia virgata* (Leech, 1890)

弄蝶科（Hesperiidae）黄斑弄蝶属（*Ampittia*）

形态特征： 成虫翅展 25~30mm。翅黑褐色，斑纹多为黄色。雄蝶前翅亚顶区 r_1~r_5 室各有 1 个长形斑，中室端斑钩形，m_3 室和 cu_1 室各有 1 个长斑。后翅中域宽带 m_2 室和 m_3 室斑纹清晰。雌蝶前翅中室斑小，后翅中域宽带窄且模糊。

寄主植物： 禾本科（Gramineae）李氏禾（*Leersia hexandra*）、芒（*Miscanthus sinensis*）等植物。

习　　性： 该种在江西齐云山国家级自然保护区一年多代，世代重叠现象明显，以幼虫越冬。成虫期 5~10 月。

观蝶月份： 5、6、7、8、9、10。

分　　布： 中国分布于河南、湖北、湖南、浙江、江西、福建等地。国外未见相关报道。

本区分布： 三角潭、上十八垒、下十八垒、桶江、鸡公坝。

DNA 条形码： GenBank Accession：MK344785.1。

黄斑弄蝶 *Ampittia dioscorides* (Fabricius, 1793)

弄蝶科（Hesperiidae）黄斑弄蝶属（*Ampittia*）

形态特征：成虫翅展 25~30mm。翅膀表面底色黑褐色，近后缘有 1 条橙黄色宽广的横带，翅腹面黄褐色具稀疏的黄斑。前翅 m_1 室与 m_2 室无黄色斑，后翅正面橙黄色接近翅外缘，中室黄色斑不达中室末端，因而接近翅端部，远离外缘。

寄主植物：禾本科（Gramineae）李氏禾（*Leersia hexandra*）、芒（*Miscanthus sinensis*）等植物。

习　　性：该种在江西齐云山国家级自然保护区一年多代，世代重叠现象明显，以幼虫越冬。成虫期5~10月。

观蝶月份：5、6、7、8、9、10。

分　　布：中国分布于江西、江苏、福建、广东、香港、广西、云南、海南、台湾等地。越南、缅甸、泰国、印度、马来西亚等国也有分布。

本区分布：三角潭。

DNA 条形码：GenBank Accession: MW796559.1。

讴弄蝶 *Onryza maga* (Leech, 1890)

弄蝶科（Hesperiidae）讴弄蝶属（*Onryza*）

形态特征： 成虫翅展 25~36mm。翅正面黑褐色，前翅顶角较尖，有 3 个黄色亚顶端斑；黄色中室端斑 2 个，下面 1 个向内伸出；m_3 及 cu_1 室中域有黄斑各 1 个。后翅 m_3 及 cu_1 室中部各有 1 个黄斑。翅反面赭褐色，前翅后缘暗褐色，后翅散生小黑斑。

寄主植物： 禾本科（Gramineae）芒属（*Miscanthus*）植物。

习　　性： 该种在江西齐云山国家级自然保护区一年多代，有一定的世代重叠现象，以蛹越冬。成虫期 3~9 月。

观蝶月份： 3、4、5、6、7、8、9。

分　　布： 中国分布于浙江、湖北、广东、江西、福建、海南、台湾等地。越南、缅甸、泰国、新加坡及印度尼西亚等国也有分布。

本区分布： 桶江、三角潭、上十八垒、下十八垒、鸡公坝。

DNA 条形码： GenBank Accession: MH310209。

正面

反面

沾边裙弄蝶 *Tagiades litigiosa* Moschler 1878

弄蝶科（Hesperiidae）裙弄蝶属（*Tagiades*）

形态特征： 成虫翅展 35~45mm。翅黑褐色至黑色，前翅斑点小，后翅边缘有 4 个分离黑斑，其中，2A 脉端黑斑与 Cu_1 脉端黑斑相等或略大，但绝不会大于 Cu_2 脉端斑的 2 倍。后缘有数个不明显黑褐斑以及白色缘毛。

寄主植物： 薯蓣科（Dioscoreaceae）薯蓣属（*Dioscorea*）多种植物。

习　　性： 该种在江西齐云山国家级自然保护区一年 3 代，以蛹越冬。成虫期 5~10 月。

观蝶月份： 5、6、7、8、9、10。

分　　布： 中国分布于浙江、福建、江西、广东、广西、云南、海南等地。印度、缅甸、马来西亚、印度尼西亚等国也有分布。

本区分布： 三角潭。

DNA 条形码： GenBank Accession：KJ402055。

滚边裙弄蝶 *Tagiades cohaerens* Mabille, 1914

弄蝶科（Hesperiidae）裙弄蝶属（*Tagiades*）

形态特征：成虫翅展 30~41mm。前翅正面黑褐色，近顶端有 5 个小白点，构成"S"形，中区有白点构成的横带，反面更清楚，近前缘的白点稍大，中部和靠后缘的白点较模糊。后翅正面外缘黑斑愈合，2A 脉亚外缘有 1 个黑斑。

寄主植物：薯蓣科（Dioscoreaceae）薯蓣属（*Dioscorea*）多种植物。

习　性：该种在江西齐云山国家级自然保护区一年 2 代，以蛹越冬。2 代成虫期分别在 4~5 月、9~11 月。

观蝶月份：4、5、9、10、11。

分　布：中国分布于华中和华南地区。印度、马来西亚等国也有分布。

本区分布：桶江。

DNA 条形码：GenBank Accession：无。

黑边裙弄蝶 *Tagiades menaka* (Moore, 1865)

弄蝶科（Hesperiidae）裙弄蝶属（*Tagiades*）

正面

反面

形态特征： 成虫翅展 30~41mm。翅黑褐色至黑色，前翅斑点很小，亚顶端 5 个排成"S"形，m_3 室也有 1 个，中室端及其前面各 1 个。后翅中部从 Rs 脉到后缘大片白色，外缘区黑斑互相愈合成 1 条宽带，白色区的边缘有几个圆形黑斑，cu_2 室斑特别明显。后翅反面大部分白色，从前缘到外缘黑色圆斑游离可见。

寄主植物： 薯蓣科（Dioscoreaceae）薯蓣属（*Dioscorea*）多种植物。

习　　性： 该种在江西齐云山国家级自然保护区一年 3 代，以蛹越冬。成虫期 5~10 月。

观蝶月份： 5、6、7、8、9、10。

分　　布： 中国分布于四川、广西、福建、江西、海南、台湾等地。印度、缅甸、越南、马来西亚、印度尼西亚等国也有分布。

本区分布： 桶江。

DNA 条形码： GenBank Accession: JX989112.1。

黄襟弄蝶 *Pseudocoladenia dan* (Fabricius, 1787)

弄蝶科（Hesperiidae）襟弄蝶属（*Pseudocoladenia*）

形态特征： 成虫翅展 30~40mm。成虫喜短距离跳跃式飞行，翅深褐色。后翅反面有黄褐色斑纹。前后翅中室末端平截。雌雄后足胫节有缨毛。

寄主植物： 苋科（Amaranthaceae）牛膝（*Achyranthes bidentata*）、土牛膝（*Achyranthes aspera*）等植物。

习　　性： 该种在江西齐云山国家级自然保护区一年 3~4 代，以成虫越冬。成虫几乎常年可见，其中，盛发期主要集中在 4~10 月。

观蝶月份： 4、5、6、7、8、9、10。

分　　布： 中国分布于浙江、福建、广西、海南、四川、云南、江西、广东等地。国外未见相关报道。

本区分布： 桶江、三角潭、下十八垒、鸡公坝。

DNA 条形码： GenBank Accession：MK757465.1。

匪夷捷弄蝶 *Gerosis phisara* (Moore, 1884)

弄蝶科（Hesperiidae）捷弄蝶属（*Gerosis*）

形态特征：成虫翅展 36~41mm。雌蝶翅黑褐色，斑纹白色，前翅 r_3、m_2 室各有 1 个小方斑，近 "Z" 形排列。后翅亚基区白带前窄后宽，亚外缘灰白色线较明显。后翅反面 $sc+r_1$ 室黑斑在白宽带内。雄蝶前翅正面 cu_2 室无斑，反面有灰白色斑。

寄主植物：豆科（Leguminosae）藤黄檀（*Dalbergia hancei*）等植物。

习　　性：该种在江西齐云山国家级自然保护区一年 2 代，以蛹越冬。成虫期 4~7 月。

观蝶月份：4、5、6、7。

分　　布：中国广泛分布于西藏、浙江、江西、湖北、四川、云南、福建、广东、广西、海南等地。印度、缅甸等国也有分布。

本区分布：上十八垒。

DNA 条形码：GenBank Accession：MN199389。

密纹飒弄蝶 *Satarupa monbeigi* Oberthür, 1921

弄蝶科（Hesperiidae）飒弄蝶属（*Satarupa*）

形态特征：成虫翅展 55~61mm。与飒弄蝶近似，但前翅中室白色斑纹密集，中室端斑接近 m_3 室及 cu_1 室斑，比 m_3 室斑大，cu_2 室的斑近方形。后翅黑白交界处白斑互相愈合，反面可见 rs 室有 1 个独立的黑色斑。

寄主植物：芸香科（Rutaceae）吴茱萸（*Evodia rutaecarpa*）、椿叶花椒（*Zanthoxylum ailanthoides* var. *ailanthoides*）等植物。

习　　性：该种在江西齐云山国家级自然保护区一年 1 代，以蛹越冬。成虫期 6~8 月。

观蝶月份：6、7、8。

分　　布：中国分布于江西、湖北、湖南、贵州、江苏、浙江、四川、广西等地。国外未见相关报道。

本区分布：桶江、上十八垒、下十八垒、鸡公坝。

DNA 条形码：GenBank Accession：EU783958.1

白弄蝶 *Abraximorpha davidii* (Mabille, 1876)

弄蝶科（Hesperiidae）白弄蝶属（*Abraximorpha*）

正面

反面

形态特征： 成虫翅展 45~51mm。呈短距离的跳跃式飞行，翅白色，前翅前缘、顶角及外缘黑色，前缘室内保留有白色条纹；翅基部黑色，只留出中室内 1 个白条；中室端斑黑色，有 1 条白线与其外方大黑斑多少分开，亚缘有 1 列黑斑；亚顶端白色小斑排列不整齐。后翅基部黑色，外方有 3 列黑斑。

寄主植物： 蔷薇科（Rosaceae）粗叶悬钩子（*Rubus alceaefolius*）、山莓（*Rubus corchorifolius*）等植物。

习　　性： 该种在江西齐云山国家级自然保护区一年 3~4 代，以幼虫越冬。成虫期 4~11 月。

观蝶月份： 4、5、6、7、8、9、10、11。

分　　布： 中国分布于江西、山西、河南、湖北、湖南、浙江、福建、四川、广东、海南、云南、台湾等地。缅甸、越南、印度、印度尼西亚等国也有分布。

本区分布： 三角潭、鸡公坝、上十八垒。

DNA 条形码： GenBank Accession：KM895471。

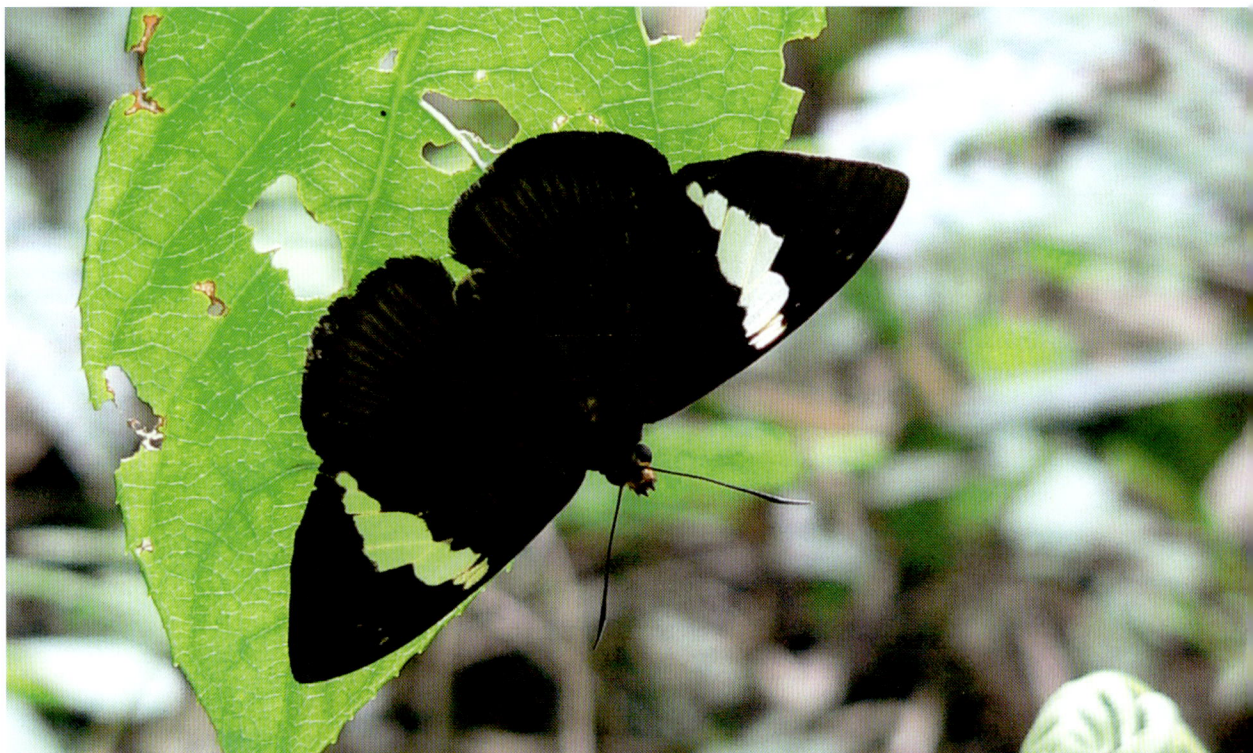

窗斑大弄蝶 *Capila translucida* Leech, 1894

弄蝶科（Hesperiidae）大弄蝶属（*Capila*）

形态特征：成虫翅展 68~80mm。体翅褐色，脉纹黑色。前翅前缘有 1 条透明细线，中室内有 1 条黑色纵纹，中室端半部及 m_3 和 cu_1 室基部有大型透明白斑，中室端外具辐射状白条。后翅中室端透明斑不清晰，中域有辐射状透明白条纹。翅反面色略淡，斑纹与正面相同。

寄主植物：樟科（Lauraceae）樟（*Cinnamomum camphora*）、黄樟（*Cinnamomum porrectum*）等植物。

习　　性：该种在江西齐云山国家级自然保护区一年 1 代，以蛹越冬。成虫期 5~7 月。

观蝶月份：5、6、7。

分　　布：中国分布于华南地区、西南地区和华中地区。

本区分布：桶江。

DNA 条形码：GenBank Accession: KM895474。

正面

反面

黄斑蕉弄蝶 *Erionota torus* Evans, 1941

弄蝶科（Hesperiidae）蕉弄蝶属（*Erionota*）

形态特征： 成虫翅展 60~65mm，大型种类。翅表黑褐色，翅反面褐色。前翅表面有 3 个黄白色斑，以 cu_1 室斑最大，中室次之，m_3 室最小；后翅无斑纹。前翅反面 3 个黄白色斑同正面，2 个大斑周围至翅基部黑褐色；后翅反面无斑纹。

寄主植物： 芭蕉科（Musaceae）芭蕉（*Musa basjoo*）、香蕉（*Musa nana*）等植物。

习　　性： 该种在江西齐云山国家级自然保护区一年 2~3 代，以幼虫越冬。成虫期 5~10 月。

观蝶月份： 5、6、7、8、9、10。

分　　布： 中国分布于江西、浙江、陕西、福建、广东、广西、四川、云南、台湾等地。越南、马来西亚、老挝等国也有分布。

本区分布： 上十八垒。

DNA 条形码： GenBank Accession：KP299167。

曲纹袖弄蝶 *Notocrypta curvifascia* (Felder et Felder, 1862)

弄蝶科（Hesperiidae）袖弄蝶属（*Notocrypta*）

形态特征：成虫翅展 30~40mm。成虫喜短距离跳跃式飞行，黑褐色的弄蝶。翅膀上有弧形排列的 3 个方形大白斑，亚顶角有 3 枚排成一斜线的细小方形白斑，亚外缘有 3 枚细小白斑，雄蝶会少 1~2 枚。翅膀反面如翅正面，褐色较浅，带紫色光泽，后翅泛着一片片黑褐色。

寄主植物：薯蓣科（Dioscoreaceae）薯蓣属（*Dioscorea*）植物。

习　　性：该种在江西齐云山国家级自然保护区一年 3~4 代，以幼虫越冬。成虫期 4~10 月。

观蝶月份：4、5、6、7、8、9、10。

分　　布：中国分布于浙江、福建、广西、海南、四川、云南、江西、广东等地区。日本、印度、缅甸、尼泊尔、马来西亚、印度尼西亚等国也有分布。

本区分布：桶江。

DNA 条形码：GenBank Accession: HQ962245。

正面

反面

宽纹袖弄蝶 *Notocrypta feisthamelii* (Boisduval, 1832)

弄蝶科〔Hesperiidae〕袖弄蝶属〔*Notocrypta*〕

形态特征：成虫翅展 30~40mm。近似曲纹袖弄蝶，但本种前翅反面的白带到达前缘，前翅的白带较直。前翅正面亚顶端只有 2 个小白斑，翅反面中带越过中室前脉。

寄主植物：薯蓣科（Dioscoreaceae）薯蓣属（*Dioscorea*）植物。

习　　性：该种在江西齐云山国家级自然保护区一年 3~4 代，以幼虫越冬。成虫期 4~10 月。

观蝶月份：4、5、6、7、8、9、10。

分　　布：中国分布于江西、四川、广西、海南等地。印度、缅甸、马来西亚、印度尼西亚、菲律宾等国也有分布。

本区分布：桶江。

DNA 条形码：GenBank Accession：MN199425。

姜弄蝶 *Udaspes folus* (Cramer, 1775)

弄蝶科（Hesperiidae）姜弄蝶属（*Udaspes*）

形态特征：成虫翅展 28~35mm。翅表黑褐色，前翅中室和 cu_1、cu_2 室各有 1 个透明大白斑，前面各室共有 5 个小白斑，排成一直线；后翅中域有 4 个白斑连成一块。后翅反面棕褐色，后缘至臀角灰白色，中域上方白斑长，延伸至翅基部，靠后缘有 1 角形黑斑。

寄主植物：姜科（Zingiberaceae）姜（*Zingiber officinale*）和姜花（*Hedychium coronarium*）等植物。

习　　性：该种在江西齐云山国家级自然保护区一年发生 4~5 代，世代重叠现象明显，以幼虫在地表枯枝落叶上越冬。成虫期 5~11 月。

观蝶月份：5、6、7、8、9、10、11。

分　　布：中国广泛分布于江西、浙江、湖南、福建、广东、广西、云 南、四川、海南、台湾等地。泰国、尼泊尔、缅甸、越南、 印度尼西亚等国也有分布。

本区分布：桶江、上十八垒。

DNA 条形码：GenBank Accession: KT240164。

正面

反面

红翅长标弄蝶 *Telicota ancilla* (Herrich-Schäffer, 1869)

弄蝶科（Hesperiidae）长标弄蝶属（*Telicota*）

形态特征：成虫翅展 30~35mm。翅正面黑色，斑纹橙红色，脉纹极细黑色。雄蝶性标宽，几乎占据整个黑色中带；后翅中室有 1 个橙红色斑，2A 脉呈橙红色条。

寄主植物：禾本科（Gramineae）箬竹（*Indocalamus tessellatus*）、斑竹（*Phyllostachys bambusoides* f. *lacrima-deae*）等竹类植物。

习　　性：该种在江西齐云山国家级自然保护区一年发生 2~3 代，以幼虫越冬。成虫期 4~6 月。

观蝶月份：4、5、6。

分　　布：中国分布于长江以南各地区。

本区分布：桶江、三角潭。

DNA 条形码：GenBank Accession：HM906195。

紫翅长标弄蝶 *Telicota augias* (Linnaeus, 1769)

弄蝶科（Hesperiidae）长标弄蝶属（*Telicota*）

形态特征： 前翅 rs 室的黄斑与 m_1 室的黄斑重叠。雄蝶前翅中域灰色性标较宽且位于黑色条纹中部。翅的反面呈紫色，雌蝶更明显。

寄主植物： 禾本科（Gramineae）棕叶狗尾草（*Setaria palmifolia*）等植物。

习　　性： 该种在江西齐云山国家级自然保护区一年 3~4 代，世代重叠明显，以幼虫越冬。成虫期 5~11 月。

观蝶月份： 5、6、7、8、9、10、11。

分　　布： 中国分布于长江以南各地区。

本区分布： 桶江、三角潭、上十八垒、下十八垒。

DNA 条形码： GenBank Accession：KF391017。

黑脉长标弄蝶 *Telicota linna* Evans, 1949

弄蝶科（Hesperiidae）长标弄蝶属（*Telicota*）

形态特征：成虫翅展 30~35mm。本种近似红翅长标弄蝶。两翅正面深褐色，斑纹橙黄色，雄蝶性标长，几乎占据整个黑色中带。后翅中室内有 1 个橙黄色斑。

寄主植物：禾本科（Gramineae）五节芒（*Miscanthus floridulus*）、斑竹（*Phyllostachys bambusoides* f. *lacrima-deae*）等植物。

习　　性：该种在江西齐云山国家级自然保护区一年 3~4 代，世代重叠明显，以幼虫越冬。成虫期 5~11 月。

观蝶月份：5、6、7、8、9、10、11。

分　　布：中国分布于长江以南各地区。

本区分布：桶江、三角潭、下十八垒。

DNA 条形码：GenBank Accession：无。

黄纹长标弄蝶 *Telicota ohara* (Plötz, 1883)

弄蝶科（Hesperiidae）长标弄蝶属（*Telicota*）

形态特征： 成虫翅展 32~36mm。两翅深褐色，斑纹橙黄色。雄蝶性标较窄，位于黑带中央，不达 m_3 室的基部。后翅黄带止于 M_1 脉，亚缘带宽阔。

寄主植物： 禾本科（Gramineae）棕叶狗尾草（*Setaria palmifolia*）等植物。

习　　性： 该种在江西齐云山国家级自然保护区一年 3~4 代，世代重叠明显，以幼虫越冬。成虫期 5~11 月。

观蝶月份： 5、6、7、8、9、10、11。

分　　布： 中国分布于长江以南各地区。

本区分布： 桶江、三角潭、上十八垒、下十八垒。

DNA 条形码： GenBank Accession: KF389792。

曲纹黄室弄蝶 *Potanthus flavus* (Murray, 1875)

弄蝶科（Hesperiidae）黄室弄蝶属（*Potanthus*）

正面

反面

形态特征：成虫翅展 25~35mm。翅黑褐色，斑纹橙黄色。前翅前缘橙黄色，中室内有 1 个三角形纵斑，近顶角有 1 个斑纹和亚缘横带相连接；后翅中央有 1 条横带，近基半部有 2 个斑纹，缘毛橙黄色。前翅反面赭黄色，斑纹与正面略同，前翅顶角与后翅的大部分被黄色鳞；后翅反面中区横带外侧 具 1 行弧形黑点斑列。

寄主植物：禾本科（Gramineae）芒属（*Miscanthus*）植物。

习　　性：该种在江西齐云山国家级自然保护区一年 2~3 代，以蛹越冬。成虫期 4~10 月。

观蝶月份：4、5、6、7、8、9、10。

分　　布：该种是广布种，中国广泛分布于东北、华北、华东、中南、西南等地区。

本区分布：桶江。

DNA 条形码：GenBank Accession：AB192497。

断纹黄室弄蝶 *Potanthus trachalus* (Mabille, 1878)

弄蝶科（Hesperiidae）黄室弄蝶属（*Potanthus*）

形态特征：成虫翅展 29~35mm。前翅正面 m_1 室和 m_2 室的黄斑与 rs 室和 m_3 室的后中黄斑带完全分离；后翅 r_1 室有黄斑，rs 室没有黄斑。翅反面赭黄色，黄色带较模糊。雄蝶前翅性标较短，仅抵达黄色后中带内缘的凹处。后翅 rs 室有 1 个显著的黄斑。

寄主植物：禾本科（Gramineae）芒属（*Miscanthus*）植物。

习　　性：该种在江西齐云山国家级自然保护区一年 2 代，以蛹越冬。2 代成虫期分别集中在 5~6 月、8~9 月。

观蝶月份：5、6、8、9。

分　　布：中国分布于湖北、江西、福建、海南、云南等南方地区。缅甸、越南、泰国、马来西亚、印度、印度尼西亚等国也有分布。

本区分布：桶江、三角潭、下十八垒。

DNA 条形码：GenBank Accession: MN199430.1。

正面

反面

宽纹黄室弄蝶 *Potanthus pavus* (Fruhstorfer, 1911)

弄蝶科（Hesperiidae）黄室弄蝶属（*Potanthus*）

形态特征：成虫翅展 24~28mm。两翅深褐色，斑纹橙黄色。前翅外列橙黄色横带宽，连续、不中断，m_1 与 m_2 室斑大，与 m_3 室到 cu_2 室各斑排成 1 条直线。后翅中带进入 rs 室。反面近顶角斑与亚外缘横带相连，后翅中域数个黑斑，亚外缘横带特宽，其外有数个黑斑。

寄主植物：禾本科（Gramineae）芒（*Miscanthus sinensis*）等芒属植物。

习　　性：该种在江西齐云山国家级自然保护区一年 2 代，以蛹越冬，成虫期 4~9 月。

观蝶月份：4、5、6、7、8、9。

分　　布：中国分布于江西、福建、广东、海南、台湾等南方地区。印度至菲律宾一带也有分布。

本区分布：桶江、三角潭、下十八垒。

DNA 条形码：GenBank Accession：无。

黄赭弄蝶 *Ochlodes crataeis* (Leech, 1894)

弄蝶科（Hesperiidae）赭弄蝶属（*Ochlodes*）

形态特征： 成虫翅展 35~41mm。前翅中带不连续地延伸至 cu_2 室，后翅中区斑亮白色 3 个，与前翅 cu_2 室斑一样不透明。雄蝶翅正面基半部黄赭色，端半部淡黑色，斑纹黄白色，性斑黑色，中央有白线。雌蝶翅黑色，基部有赭色鳞，斑纹银白色。

寄主植物： 禾本科（Gramineae）淡竹叶（*Lophatherum gracile*）、中华淡竹叶（*Lophatherum sinense*）等植物。

习　　性： 该种在江西齐云山国家级自然保护区一年 1 代，以幼虫越冬。成虫期 5~7 月。

观蝶月份： 5、6、7。

分　　布： 中国分布于华南和华中地区。

本区分布： 桶江、上十八垒、下十八垒、鸡公坝。

DNA 条形码： GenBank Accession：无。

针纹赭弄蝶 *Ochlodes klapperichii* Evans, 1940

弄蝶科（Hesperiidae）赭弄蝶属（*Ochlodes*）

形态特征：成虫翅展 35~42mm。翅褐色伴有白色半透明的斑纹。前翅压顶区 r_3~r_5 室各有 1 个小斑，呈斜线排列。前后翅反面均有黄褐色鳞片。

寄主植物：禾本科（Gramineae）淡竹叶（*Lophatherum gracile*）、中华淡竹叶（*Lophatherum sinense*）等植物。

习　　性：该种在江西齐云山国家级自然保护区一年 1 代，以幼虫越冬。成虫期 5~7 月。

观蝶月份：5、6、7。

分　　布：中国分布于华南和华中地区。

本区分布：上十八垒、下十八垒、桶江、鸡公坝。

DNA 条形码：GenBank Accession：OQ872357.1。

豹弄蝶 *Thymelicus leoninus* (Butler, 1878)

弄蝶科（Hesperiidae）豹弄蝶属（*Thymelicus*）

形态特征： 成虫翅展 26~35mm。翅正反面橙黄色或红褐色，脉纹黑色，两翅正面外缘黑褐色。雄蝶前翅正面中室下方有斜走的黑色线状性标，中室顶角外有 1 个黑点。雌蝶翅色淡，黄白色，前翅中室顶角外及后翅基部黑褐色斑纹宽阔。

寄主植物： 禾本科（Gramineae）芒属（*Miscanthus*）植物。

习　　性： 该种在江西齐云山国家级自然保护区一年 1 代，以幼虫越冬。成虫期 6~8 月。

观蝶月份： 6、7、8。

分　　布： 中国分布于华中和华南地区。

本区分布： 鸡公坝。

DNA 条形码： GenBank Accession：GU372594。

黑豹弄蝶 *Thymelicus sylvaticus* (Bremer, 1861)

弄蝶科（Hesperiidae）豹弄蝶属（*Thymelicus*）

形态特征：成虫翅展 26~35mm。翅正反面橙黄色，脉纹黑色，两翅正面外缘具黑褐色宽带，前翅中室外侧有暗色斑。缘毛基部褐色，端黄灰色。反面脉纹及两侧黑色，但很细，前翅基部、后角及后翅外缘暗褐色。

寄主植物：禾本科（Gramineae）芒属（*Miscanthus*）植物。

习　　性：该种在江西齐云山国家级自然保护区一年 1 代，以幼虫越冬。成虫期 5~8 月。

观蝶月份：5、6、7、8。

分　　布：中国分布于华中和华南地区。

本区分布：桶江、三角潭、下十八垒。

DNA 条形码：GenBank Accession：AB192491.1。

隐纹谷弄蝶 *Pelopidas mathias* (Fabricius, 1798)

弄蝶科（Hesperiidae）谷弄蝶属（*Pelopidas*）

形态特征： 成虫翅展 32~42mm。翅黑褐色，披有黄绿色鳞片，前翅有 8 个半透明的白色斑纹，排成不整齐的环，这些白斑明显比南亚谷弄蝶的白斑小；后翅无纹。雄蝶前翅正面有灰黑色斜走的线状性标。后翅黑灰赭色，中室外有 5 个白色小斑纹，排成弧形，中室基部有 1 个小白斑。

寄主植物： 禾本科（Gramineae）白茅（*Imperata cylindrica*）、牛筋草（*Eleusine indica*）、狗尾草（*Setaria viridis*）、玉米（*Zea mays*）、苏丹草（*Sorghum sudanense*）等植物。

习　　性： 该种在江西齐云山国家级自然保护区一年 5~6 代，世代重叠现象明显，以幼虫在叶片上结苞越冬。成虫期 4~10 月。

观蝶月份： 4、5、6、7、8、9、10

分　　布： 该种属于广布种，中国分布于北京、甘肃、陕西、山东、山西、河南、浙江、湖北、江西、湖南、福建、广西、四川、贵州、云南、台湾等地。朝鲜、日本、斯里兰卡、印度尼西亚等国也有分布。

本区分布： 桶江。

DNA 条形码： GenBank Accession: GU681855。

正面

反面

中华谷弄蝶 *Pelopidas sinensis* (Mabille, 1877)

弄蝶科〔Hesperiidae〕谷弄蝶属〔*Pelopidas*〕

形态特征：成虫翅展 35~40mm。双翅正面黑褐色，前翅 8 个半透明白斑排列成半环状。雄性在中室下方有 1 线条性标，雌性在中室下方有 2 个斑。

寄主植物：禾本科（Gramineae）牛筋草（*Eleusine indica*）、狗尾草（*Setaria viridis*）、苏丹草（*Sorghum sudanense*），雨久花科（Pontederiaceae）鸭舌草（*Monochoria vaginalis*）等植物。

习　　性：该种在江西齐云山国家级自然保护区一年多代，世代重叠现象明显，以幼虫越冬。成虫期 4~10 月。

观蝶月份：4、5、6、7、8、9、10。

分　　布：该种属于广布种，中国广泛分布于华北地区、东北地区、华中地区、华南地区和西南地区。朝鲜、日本、斯里兰卡、印度尼西亚等国也有分布。

本区分布：桶江、三角潭、下十八垒、鸡公坝。

DNA 条形码：GenBank Accession：MN199446.1。

籼弄蝶 *Borbo cinnara* (Wallace, 1866)

弄蝶科（Hesperiidae）籼弄蝶属（*Borbo*）

形态特征：成虫翅展 30~40mm。前翅近顶角处有 3 个小白斑，两翅反面褐色，后翅反面无斑或中域偏外处有 1~5 个不等的小白斑。触角短，翅面褐色，基部有绿色鳞毛。后翅 rs 室、m_2 室和 m_3 室有清晰的小斑。

寄主植物：禾本科（Gramineae）芒（*Miscanthus sinensis*）、双穗雀稗（*Paspalum paspaloides*）、狗尾草（*Setaria viridis*）等植物。

习　　性：该种在江西齐云山国家级自然保护区一年 1 代，以蛹越冬。成虫期 4~5 月。

观蝶月份：4、5。

分　　布：中国分布于江西、浙江、湖北、福建、广东、广西、云南、海南、台湾等地。印度、越南、柬埔寨、泰国、缅甸、马来西亚等国也有分布。

本区分布：三角潭、上十八垒、下十八垒、桶江、鸡公坝。

DNA 条形码：GenBank Accession：KF394330。

黑标孔弄蝶 *Polytremis mencia* (Moore, 1877)

弄蝶科（Hesperiidae）孔弄蝶属（*Polytremis*）

形态特征： 成虫翅展 30~38mm。翅背面深褐色，腹面以黄褐色为主。前翅中间部分有 7~8 个小白斑，后翅有 4 个小白斑且成行排列。

寄主植物： 禾本科（Gramineae）阔叶箬竹（*Indocalamus latifolius*）等箬竹属（*Indocalamus*）植物。

习　　性： 该种在江西齐云山国家级自然保护区一年 3~4 代，有一定的世代重叠现象，以幼虫越冬。成虫期 6~10 月。

观蝶月份： 6、7、8、9、10。

分　　布： 中国分布于江西、安徽、湖北、浙江等地。

本区分布： 桶江、下十八垒、鸡公坝。

DNA 条形码： GenBank Accession：KY799628.1。

盒纹孔弄蝶 *Polytremis theca* (Evans, 1937)

弄蝶科（Hesperiidae）孔弄蝶属（*Polytremis*）

形态特征： 成虫翅展 32~38mm。前翅亚前缘端有 3 个白点，下方有 4 个白斑，其中 cu_1 室白斑斜方形，中室有 2 个白斑。后翅 4 个白斑上下错开。雄蝶无性标，前翅中室有 2 个白斑，2A 室中央有 1 个白斑。cu_1 室白斑斜方形，位置不同，不与中室斑相重叠。

寄主植物： 禾本科（Gramineae）芒（*Miscanthus sinensis*）等芒属植物。

习　　性： 该种在江西齐云山国家级自然保护区一年 3~4 代，有一定的世代重叠现象，以幼虫越冬。成虫期 5~10 月。

观蝶月份： 5、6、7、8、9、10。

分　　布： 中国分布于重庆、江西、安徽、陕西、湖北、四川、浙江、福建、广西等地。

本区分布： 桶江、三角潭、下十八垒、鸡公坝。

DNA 条形码： GenBank Accession：KY799626。

刺纹孔弄碟 *Polytremis zina* (Evans, 1932)

弄蝶科（Hesperiidae）孔弄蝶属（*Polytremis*）

正面

反面

形态特征： 成虫翅展 36mm。翅暗褐色，斑纹白色，基部有黄褐色鳞毛。前翅 r_3~r_5 室各有 1 个小斑，r_4 室斑稍内移，m_2 室至 cu_1 室斑彼此靠近，排成斜列，cu_2 室中下部有 1 个斑，中室 2 个斑，下中室长斑。后翅中域有 4 个排列不整齐的大白斑。前翅反面后缘区色浅，cu_2 室白斑界线模糊。

寄主植物： 禾本科（Gramineae）芒（*Miscanthus sinensis*）等芒属植物。

习　　性： 该种在江西齐云山国家级自然保护区一年多代，以幼虫越冬。成虫期 5~11 月。

观蝶月份： 5、6、7、8、9、10、11。

分　　布： 该种属于广布种，中国广泛分布于黑龙江、江西、福建、四川、重庆、湖南、湖北、台湾等地。

本区分布： 上十八垒。

DNA 条形码： GenBank Accession：KY799634。

黄纹孔弄蝶　*Polytremis lubricans* (Herrich-Schäffer, 1869)

弄蝶科（Hesperiidae）孔弄蝶属（*Polytremis*）

形态特征：成虫翅展 32~38mm。前翅透明斑黄白色，前翅 2a 室中央通常有 1 个小黄斑。后翅透明斑不明显，通常只有 2 个，且相互靠近。

寄主植物：禾本科（Gramineae）鸭嘴草（*Ischaemum aristatum* var. *glaucum*）等植物。

习　　性：该种在江西齐云山国家级自然保护区一年多代，以幼虫越冬。成虫期 5~10 月。

观蝶月份：5、6、7、8、9、10。

分　　布：中国分布于广东、云南、海南、江西、福建、湖南、贵州、台湾等地。印度、缅甸、越南、马来西亚、印度尼西亚等国也有分布。

本区分布：三角潭。

DNA 条形码：GenBank Accession：MN199447。

旖弄蝶 *Isoteinon lamprospilus* Felder *et* Felder, 1862

弄蝶科（Hesperiidae）旖弄蝶属（*Isoteinon*）

正面

反面

形态特征：成虫翅展 30~35mm。雄蝶翅正面黑褐色，外缘毛黑白色相间；前翅亚顶端有 3 个长方形小白斑，中域有 4 个方形透明白斑，1 个在中室端，其他 3 个在 cu_2、cu_1、m_1 室，构成一直线；后翅无纹。翅反面黄褐色，前翅后半部黑色，斑纹与翅正面相同；后翅反面中室具黄色鳞毛，有 8 个银白色斑点，排成 1 个圆圈，中间 1 个较大，银斑周围有黑褐色边。雌蝶较雄蝶大，前翅外缘较圆，斑纹大而明显。

寄主植物：禾本科（Gramineae）五节芒（*Miscanthus floridulus*）等植物。

习　　性：该种在江西齐云山国家级自然保护区一年 2~3 代，以蛹越冬。成虫期 5~10 月。

观蝶月份：5、6、7、8、9、10。

分　　布：中国分布于浙江、江西、福建、湖北、台湾、广东、海南、广西、四川等地。朝鲜、日本、越南等国也有分布。

本区分布：桶江、下十八垒、上十八垒、鸡公坝。

DNA 条形码：GenBank Accession: MH763664。

腌翅弄蝶 *Astictopterus jama* Felder et Felder, 1860

弄蝶科（Hesperiidae）腌翅弄蝶属（*Astictopterus*）

形态特征： 成虫翅展 30~36mm。翅黑褐色，前翅顶端和后翅臀角均圆钝，R$_1$ 和 Sc 脉接近，翅黑褐色。后翅反面有深色条纹。湿季型前翅无斑；旱季型前翅亚顶端有 3 个小白斑。

寄主植物： 禾本科（Gramineae）芒属（*Miscanthus*）植物。

习　　性： 该种在江西齐云山国家级自然保护区一年多代，世代重叠现象明显，以蛹越冬。成虫期 4~11 月。

观蝶月份： 4、5、6、7、8、9、10、11。

分　　布： 中国广泛分布于江西、湖北、浙江、福建、广东、广西、海南、云南等地。不丹、越南、老挝、缅甸、泰国、印度、印度尼西亚（爪哇）等国也有分布。

本区分布： 三角潭、上十八垒、下十八垒、桶江、鸡公坝。

DNA 条形码： GenBank Accession：MH763663。

正面

反面

放踵珂弄蝶 *Caltoris cahira* (Moore, 1877)

弄蝶科〔Hesperiidae〕珂弄蝶属〔*Caltoris*〕

形态特征：成虫翅展 35~40mm。雌蝶翅正面黑褐色，前翅中域有 7 个大小不一的白斑并组成圆弧形，后翅无斑，基部密布黄褐色鳞毛。雌蝶翅反面密布棕褐色鳞毛，前翅 cu_2 室黄白色斑变大且比较模糊。

寄主植物：禾本科（Gramineae）刚竹属（*Phyllostachys*）植物。

习　　性：该种在江西齐云山国家级自然保护区一年多代，世代重叠现象明显，以幼虫越冬。成虫期 5~11 月。

观蝶月份：5、6、7、8、9、10、11。

分　　布：中国分布于四川、福建、江西、湖北、云南、广东、海南、台湾等地。印度、缅甸、马来西亚、越南等国也有分布。

本区分布：桶江、上十八垒、三角潭、鸡公坝。

DNA 条形码：GenBank Accession：KT240168。

雀麦珂弄蝶 *Caltoris bromus* (Leech, 1894)

弄蝶科〔Hesperiidae〕珂弄蝶属〔*Caltoris*〕

形态特征： 雄蝶翅展 35~40mm。翅暗褐色，斑纹白色，近基部有棕褐色鳞毛。前翅亚顶区 r_3~r_5 室各有 1 个小斑，m_2~cu_1 室斑依次增大，m_1 室偶尔有个小点，中室有 2 个斑，cu_2 室中部常有 2 个小斑，上斑很小。后翅无斑。翅反面密被棕褐色鳞毛。前翅中室下方至基部黑褐色，cu_2 室斑变大而模糊，后翅 m_2~cu_1 室有时有小白斑。雌蝶前翅 r_3 室斑退化，反面 cu_2 室斑大而模糊。

寄主植物： 禾本科〔Gramineae〕刚竹属〔*Phyllostachys*〕植物。

习　　性： 该种在江西齐云山国家级自然保护区一年多代，世代重叠现象明显，以幼虫越冬。成虫期 5~11 月。

观蝶月份： 5、6、7、8、9、10、11。

分　　布： 中国分布于四川、福建、江西、湖北、云南、广东、海南、台湾等地。印度、缅甸、马来西亚、越南等国也有分布。

本区分布： 桶江、下十八垒、鸡公坝。

DNA 条形码： GenBank Accession：KT240167。

直纹稻弄蝶 *Parnara guttata* (Bremer et Grey, 1853)

弄蝶科（Hesperiidae）稻弄蝶属（*Parnara*）

正面

反面

形态特征： 成虫翅展 35~39mm。翅正面褐色，前翅具半透明白斑 7~8 个，排列成半环状。后翅中央有 4 个白色透明斑，排列成一直线。翅反面色淡，被有黄粉，斑纹和翅正面相似。雄蝶中室端 2 个斑大小基本一致，而雌蝶上方 1 个长大，下方 1 个多退化成小点或消失。

寄主植物： 禾本科（Gramineae）稻（*Oryza sativa*）、李氏禾（*Leersia hexandra*）、芒（*Miscanthus sinensis*）、菰（*Zizania latifolia*）等植物。

习　　性： 该种在江西齐云山国家级自然保护区一年多代，以幼虫越冬。成虫期 4~11 月。

观蝶月份： 4、5、6、7、8、9、10、11。

分　　布： 该种属于广布种，中国分布于华南、西南、中南、华北、东北等地区。朝鲜、俄罗斯、印度、巴基斯坦、孟加拉国、越南、老挝、柬埔寨等国也有分布。

本区分布： 三角潭。

DNA 条形码： GenBank Accession：KJ402103。

曲纹稻弄蝶 *Parnara ganga* Evans, 1937

弄蝶科（Hesperiidae）稻弄蝶属（*Parnara*）

形态特征：成虫翅展 35~40mm。翅黑褐色。基部稍带绿色。前翅有 6~8 个半透明的白色斑纹。成环状排列，最下面 1 个最大。后翅中区域有 4~5 个小白斑，排列不整齐。翅反面多黄色鳞片分布，后翅反面中域白斑较小，一般不排成严格直线，经常有白斑消失，有的个体极难与幺纹稻弄蝶区分。

寄主植物：禾本科（Gramineae）稻（*Oryza sativa*）、李氏禾（*Leersia hexandra*）、芒（*Miscanthus sinensis*）等植物。

习　　性：该种在江西齐云山国家级自然保护区一年多代，世代重叠现象明显，以幼虫越冬。成虫期 4~11 月。

观蝶月份：4、5、6、7、8、9、10、11。

分　　布：该种属于广布种，中国分布于江西、陕西、山东、河南、浙江、福建、四川、贵州、云南、海南、香港等地。越南、泰国、缅甸、印度、马来西亚等国也有分布。

本区分布：桶江、三角潭、下十八垒。

DNA 条形码：GenBank Accession：GU290267。

幺纹稻弄蝶 *Parnara bada* (Moore, 1878)

弄蝶科（Hesperiidae）稻弄蝶属（*Parnara*）

形态特征： 成虫翅展 30~35mm。体形粗壮，头大，眼的前方有睫毛。前翅三角形，后翅卵圆形，翅暗黑色或棕褐色，少数种类为黄色或白色。

寄主植物： 禾本科（Gramineae）稻（*Oryza sativa*）、芒（*Miscanthus sinensis*）、菰（*Zizania latifolia*）等植物。

习　　性： 该种在江西齐云山国家级自然保护区一年多代，世代重叠现象明显，以幼虫越冬。成虫期4~11月。

观蝶月份： 4、5、6、7、8、9、10、11。

分　　布： 该种属于广布种，中国分布于华南、西南、中南、华北、东北等地区。朝鲜、俄罗斯、印度、巴基斯坦、孟加拉国、越南、老挝、柬埔寨等国也有分布。

本区分布： 桶江、三角潭、下十八垒。

DNA 条形码： GenBank Accession：AB192489.1。

粉蝶科
PIERIDAE

宽边黄粉蝶

梨花迁粉蝶 *Catopsilia pyranthe* (Linnaeus, 1758)

粉蝶科（Pieridae）迁粉蝶属（*Catopsilia*）

正面

反面

形态特征：成虫翅展 65~71mm。翅面白色或粉绿色，前翅前缘、外缘黑色，中室端脉上有 1 个黑点，后翅外缘脉端斑黑色。成虫双翅反面布满细小橙褐色花纹。雄蝶黑色斑带较窄小，翅反面苍黄色，密布赭色细纹。本种有春、夏型之分。

寄主植物：豆科（Leguminosae）望江南（*Cassia occidentalis*）、翅荚决明（*Cassia alata*）、黄槐决明（*Cassia surattensis*）等植物。

习　　性：该种在江西齐云山国家级自然保护区一年多代，以成虫越冬。成虫几乎全年可见，盛发期 5~10 月。

观蝶月份：5、6、7、8、9、10。

分　　布：中国分布于海南、广东、广西、云南、四川、台湾、西藏、福建、江西等地。东南亚地区也有分布。

本区分布：桶江、下十八垒。

DNA 条形码：GenBank Accession: KF405760。

迁粉蝶 *Catopsilia pomona* (Fabricius, 1775)

粉蝶科（Pieridae）迁粉蝶属（*Catopsilia*）

形态特征： 成虫翅展 48~56mm。无纹型雄蝶翅面基半部黄色，端半部白色或微黄色，前翅前缘、顶角、外缘为黑色，反面为黄色或浅黄色，两翅均无任何斑点。雌蝶前翅正面前缘、外缘和后翅的外缘较宽，前翅中室上脉黑色，端脉有 1 个黑斑，翅反面黄白色。红角型触角红色，翅面淡黄色，前翅中室端脉上有 1 个黑点，翅反面中室端脉银斑较小。

寄主植物： 豆科（Leguminosae）腊肠树（*Cassia fistula*）、望江南（*Cassia occidentalis*）等植物。

习　　性： 该种在江西齐云山国家级自然保护区一年多代，世代重叠现象明显，以成虫或者蛹越冬。成虫几乎全年可见，盛发期集中在 4~11 月。

观蝶月份： 4、5、6、7、8、9、10、11。

分　　布： 中国分布于华南、西南各地。日本、印度、泰国、越南等国也有分布。

本区分布： 三角潭。

DNA 条形码： GenBank Accession: KF398119。

黑角方粉蝶 *Dercas lycorias* (Doubleday, 1842)

粉蝶科（Pieridae）方粉蝶属（*Dercas*）

正面

反面

形态特征：成虫翅展 54~65mm。前翅橙黄色，前缘、顶角、外缘有黑色纹，顶角处黑纹宽，m_3 室有 1 个黑圆斑，后翅淡黄色，外缘各翅脉端有 1 个小黑点。前后翅反面黄色，中室内布满黄褐色小点，中室端有 2 个相连的小白圆圈，从顶端到后缘有明显的红褐色斜带。雌蝶前翅顶角比雄蝶尖锐突出。

寄主植物：未知。

习　　性：该种在江西齐云山国家级自然保护区一年 1 代，以蛹越冬。成虫期 6~7 月。

观蝶月份：6、7。

分　　布：中国分布于陕西、浙江、福建、四川、江西、广东、云南、广西等地。印度、尼泊尔等国也有分布。

本区分布：鸡公坝、三角潭、鸡公坝、桶江。

DNA 条形码：GenBank Accession：HM175727。

尖角黄粉蝶 *Eurema laeta* (Boisduval, 1836)

粉蝶科（Pieridae）黄粉蝶属（*Eurema*）

形态特征：成虫翅展 35~44mm。蝶翅的颜色和斑纹因季节与雄雌而有变化。夏型：前翅顶角尖锐度不及秋型。雄蝶翅浓黄色，前翅前缘黑带明显，外缘黑带仅到达 Cu_2 脉；后翅外缘黑带细，雌蝶翅色较淡而有黑色鳞片散布，外缘黑带止于 Cu_1 脉，后翅顶角有黑斑，外缘黑带消失仅具脉端点。后翅反面中央有 1 条暗色直线或消失。秋型：雄雌蝶翅正面的颜色、斑纹相同；后翅外缘仅具脉端点。雄雌蝶个体反面黄褐色，有红褐色带纹 2 条及小点数个。

寄主植物：豆科（Leguminosae）含羞草决明（*Cassia mimosoides*）等植物。

习　　性：该种在江西齐云山国家级自然保护区一年发生 4~5 代，以成虫越冬。成虫期 4~10 月。

观蝶月份：4、5、6、7、8、9、10。

分　　布：该种属于广布种，中国分布于大部分地区。东南亚地区、印度次大陆及日本、朝鲜等国也有分布。

本区分布：桶江、鸡公坝、下十八垒、上十八垒。

DNA 条形码：GenBank Accession：KF398625。

正面

反面

檗黄粉蝶 *Eurema blanda* (Boisduval, 1836)

粉蝶科（Pieridae）黄粉蝶属（*Eurema*）

正面

反面

形态特征：成虫翅展 56~41mm。翅柠檬黄色，雌蝶有近白色的个体，前后翅外缘黑带宽窄个体间差异甚大。后翅外缘在 m_3 室不具角度，呈圆弧状。前翅反面中室内褐色点斑 2~3 个，后翅反面满布褐色点纹。雌蝶前后翅外缘黑色部分较雄蝶宽。春型蝶翅面黑色部分不发达，其后翅有小黑点。

寄主植物：豆科（Leguminosae）合欢（*Albizia julibrissin*）、山合欢（*Albizia kalkora*）、决明（*Catsia tora*）、黄槐决明（*Cassia surattensis*）等植物。

习　性：该种在江西齐云山国家级自然保护区一年多代，以成虫越冬。成虫期 4~10 月。

观蝶月份：4、5、6、7、8、9、10。

分　布：该种属于广布种，中国广泛分布于多地。日本、朝鲜、菲律宾、印度尼西亚、马来西亚、缅甸、泰国、印度、孟加拉国等国也有分布。

本区分布：上十八垒、下十八垒、桶江、鸡公坝、三角潭。

DNA 条形码：GenBank Accession：HQ689634。

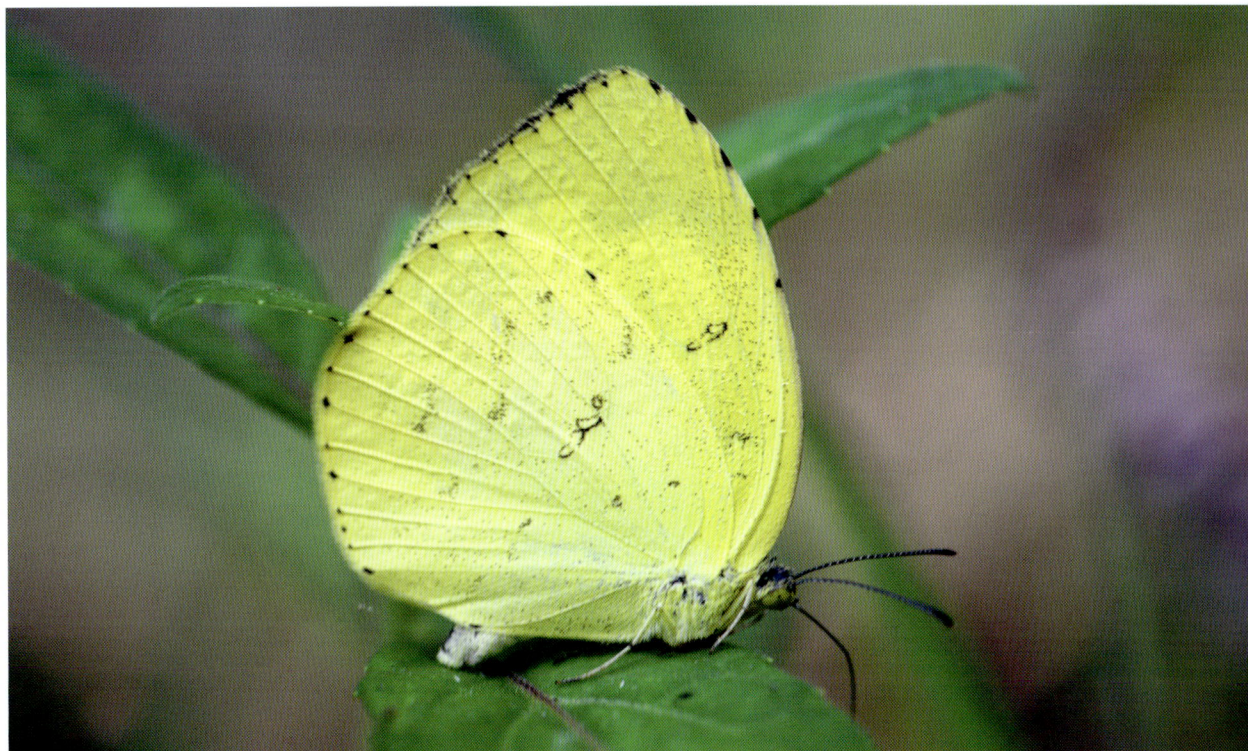

宽边黄粉蝶 *Eurema hecabe* (Linnaeus, 1758)

粉蝶科（Pieridae）黄粉蝶属（*Eurema*）

形态特征：成虫翅展 45~50mm。翅深黄色至黄白色。前翅外缘有宽黑色带，直到后角，界限清晰，黑色带内侧于 M_3 脉与 Cu_1b 脉处凹陷，在 Cu_1a 脉处略突出呈齿状；后翅外缘黑色带窄且界限模糊或有脉端斑点。翅反面满布褐色小点，前翅反面中室内有 2 个斑纹；后翅反面因 m_3 室外缘略突出呈不规则圆弧形。季节多型现象明显，秋冬型前翅正面外缘斑纹多消失，翅反面褐色斑纹发达。春夏型则前翅前角圆钝，后翅在第 3 脉处有较圆滑的弯折，前翅正面黑边的内缘在第 3 脉上向内尖出，前翅反面中室内有 2 个斑点。

寄主植物：豆科（Leguminosae）合欢（*Albizia julibrissin*）、山合欢（*Albizia kalkora*）、决明（*Catsia tora*）、黄槐决明（*Cassia surattensis*）等植物。

习　　性：该种在江西齐云山国家级自然保护区一年多代，以成虫越冬。成虫期 4~10 月。

观蝶月份：4、5、6、7、8、9、10。

分　　布：该种属于广布种，中国广泛分布于多地。日本、朝鲜、菲律宾、印度尼西亚、马来西亚、缅甸、泰国、印度、孟加拉国等国也有分布。

本区分布：桶江、三角潭、鸡公坝、上十八垒、下十八垒。

DNA 条形码：GenBank Accession：KF405375。

正面

反面

圆翅钩粉蝶 *Gonepteryx amintha* Blanchard, 1871

粉蝶科（Pieridae）钩粉蝶属（*Gonepteryx*）

正面

反面

形态特征：成虫翅展 64~71mm。成虫飞行能力强且敏捷。体黑色，密被黄色鳞毛，翅深黄色。雄蝶翅面淡黄色，顶角突出成钩状，两翅中室端都有 1 个橘红色斑（后翅上的较大）；前翅前缘和外缘从第 4 脉起有紫褐色小点；后翅 7 脉显著。翅反面暗黄色，中室端斑暗红色。

寄主植物：鼠李科（Rhamnaceae）冻绿（*Rhamnus utilis*）、牯岭勾儿茶（*Berchemia kulingensis*）等植物。

习　　性：该种在江西齐云山国家级自然保护区一年 2 代，以成虫越冬。成虫期 4~10 月。

观蝶月份：4、5、6、7、8、9、10。

分　　布：中国分布于江西、湖南、广东、浙江、福建、广西、海南等南部地区。

本区分布：桶江、上十八垒、下十八垒。

DNA 条形码：GenBank Accession：HM175723.1。

飞龙粉蝶 *Talbotia naganum* (Moore, 1884)

粉蝶科（Pieridae）飞龙粉蝶属（*Talbotia*）

形态特征： 成虫翅展 65~70mm。雌雄异型。雄蝶前翅正面白色，顶部及外缘黑色，且延伸至 cu_2 室，在 m_3 及 cu_2 室亚缘处各有 1 个黑圆斑，m_3 室斑有时与外缘黑纹相连，中室端有 1 个小黑斑。前翅反面顶端部的黑斑消失，仅有 3 个黑斑存在。后翅正面白色，反面淡黄色，均无斑纹。雌蝶前翅面顶部和外缘黑斑似雄蝶，中室后半黑色纵带与中室端小黑斑及 m_3 室的黑斑相连，通接外缘斑，形成飞鸟形黑带；臀区纵带与 cu_2 室的黑斑相接近。后翅外缘各室有三角形黑斑，前面 1 个较长。前翅反面仅见中室至 m_3 室和臀区的 2 条黑带。后翅反面淡黄色，黑斑消失。

寄主植物： 伯乐树科（Bretschneideraceae）伯乐树（*Bretschneidera sinensis*）等植物。

习　　性： 该种在江西齐云山国家级自然保护区一年 2 代，以蛹越冬。成虫期 4~9 月。

观蝶月份： 4、5、6、7、8、9。

分　　布： 中国分布于江西、浙江、贵州、四川、湖北、福建、云南、广东、台湾等南方地区。越南（北部）、缅甸（北部）等国也有分布。

本区分布： 桶江、鸡公坝、下十八垒、上十八垒。

DNA 条形码： GenBank：AY870516.1。

正面

反面

菜粉蝶 *Pieris rapae* (Linnaeus, 1758)

粉蝶科（Pieridae）粉蝶属（*Pieris*）

形态特征：成虫翅展 50~55mm。头稍大，密被灰色绒毛；眼突出，触角节状，端部球形。胸背黑色，腹部橙黄色；足纤细，黄褐色。前翅纯白色，顶角具三角形黑斑，稍下另有 2 个小圆黑斑。后翅稍小，亦为白色，基部略显黑色鳞纹，前缘内侧具小黑斑，与前翅黑斑成一直线。雌体较大，翅色多显黄白色。

寄主植物：该蝶寄主植物非常广泛，几乎包括所有十字花科（Cruciferae）的植物，如油菜（*Brassica campestris*）、甘蓝（*Brassica oleracea*）、萝卜（*Raphanus sativus*）等。

习　　性：该种在江西齐云山国家自然保护区一年多代，世代重叠现象明显，以蛹越冬。成虫期 3~11 月。

观蝶月份：3、4、5、6、7、8、9、10、11。

分　　布：该种属于广布种，中国广泛分布于大部分地区。

本区分布：桶江、三角潭、上十八垒、鸡公坝、下十八垒。

DNA 条形码：GenBank Accession: MN139941。

东方菜粉蝶 *Pieris canidia* (Sparrman, 1768)

粉蝶科（Pieridae）粉蝶属（*Pieris*）

形态特征： 成虫翅展 49~55mm。体背黑色，着生白色茸毛，腹面白色，翅面粉白色。前翅前缘有细黑色线，翅基部布满黑色鳞片，顶角宽黑褐色与外缘中部黑褐色菱形斑相连，中域有 2 个黑斑，下方近后缘处 1 个斑模糊。后翅前缘有 1 个黑色大斑，外缘脉端有三角形黑色斑。前翅反面仅中域有 2 个斑，不显著，较正面大而色浓，近翅基靠近前缘有黑色鳞片；后翅反面无斑纹，中后部布有稀疏的黑色鳞片，肩角细狭，黄色。

寄主植物： 该蝶寄主植物非常广泛，几乎包括所有十字花科（Cruciferae）的植物，如油菜（*Brassica campestris*）、甘蓝（*Brassica oleracea*）、萝卜（*Raphanus sativus*）等。

习　　性： 该种在江西齐云山国家级自然保护区一年多代，世代重叠现象明显，以蛹越冬。成虫期 3~11 月。

观蝶月份： 3、4、5、6、7、8、9、10、11。

分　　布： 该种属于广布种，中国广泛分布于大部分地区。朝鲜、越南、老挝、缅甸、柬埔寨、泰国、土耳其等国也有分布。

本区分布： 桶江、三角潭、鸡公坝、上十八垒、下十八垒。

DNA 条形码： GenBank Accession：FJ663925。

橙粉蝶 *Ixias pyrene* (Linnaeus, 1764)

粉蝶科（Pieridae）橙粉蝶属（*Ixias*）

正面

反面

形态特征： 成虫翅展 50~60mm。雄雌异型。雄蝶前翅正面端半部黑色，其中域有大型橙色斑，基半部及后缘附近为黄色，中室端脉斑黑色；后翅外缘黑色，其余均为黄色，后翅反面黄色。雌蝶前翅黑色，中室端具白色或黄白色斜带；后翅外缘黑色部分比雄蝶宽阔，基半部白色；前翅反面淡黄色，臀角附近黑色，基部白色；后翅反面淡黄色；前后翅反面密布黑线点。

寄主植物： 山柑科（Capparaceae）的牛眼睛（*Capparis zeylanica*）、独行千里（*Capparis acutifolia*）等植物。

习　　性： 该种在江西齐云山国家级自然保护区一年 2 代，以蛹越冬。成虫期 5~7 月。

观蝶月份： 5、6、7。

分　　布： 中国分布于江西、福建、广西、广东、海南、云南、台湾等南方地区。缅甸、不丹、尼泊尔、印度、斯里兰卡、巴基斯坦、马来西亚、印度尼西亚、菲律宾等国也有分布。

本区分布： 桶江、三角潭、上十八垒、下十八垒。

DNA 条形码： GenBank Accession：HQ561219。

黑脉园粉蝶 *Cepora nerissa* (Fabricius, 1775)

粉蝶科（Pieridae）园粉蝶属（*Cepora*）

形态特征：成虫翅展 50~60mm，雄雌异型。雄蝶翅正面白色或乳白色，脉纹棕黑色，顶端和外缘黑色，由脉端向内呈齿状，m_3 室具 1 个黑斑；后翅外缘黑色，脉端向内呈三角形。翅反面黄白色，前翅 m_3 室黑斑明显，沿脉纹两侧有较宽的棕黄色鳞片；后翅反面亚外缘除 m_1 室外，其余各室均有模糊黑晕斑。雌蝶翅面微黄，在前翅 cu_1 室也有 1 个黑斑；后翅亚缘黑斑明显。

寄主植物：山柑科（Capparaceae）山柑属（Capparis）植物。

习　　性：该种在江西齐云山国家级自然保护区一年可多代，世代重叠现象明显，以蛹越冬。成虫期 5~10 月。

观蝶月份：5、6、7、8、9、10。

分　　布：中国分布于湖北、福建、广东、江西、广西、海南、云南和台湾等地。马来西亚、印度等国也有分布。

本区分布：桶江、上十八垒、下十八垒。

DNA 条形码：GenBank Accession：EF584857。

艳妇斑粉蝶 *Delias belladonna* (Fabricius, 1793)

粉蝶科（Pieridae）斑粉蝶属（*Delias*）

正面

反面

形态特征：成虫翅展 76~87mm。翅表黑色，前翅中部和亚外缘各有 1 列白斑，后翅肩部有 1 个大型卵状黄斑，臀区前半部白色，后半部黄色，亚外缘及翅中有白色斑纹。前翅反面中室有 1 长条的斑，在顶角亚外缘处有 3 个黄色斑。后翅反面除中部 1 列白斑外，其余斑纹为黄色。

寄主植物：桑寄生科（Loranthaceae）杉寄生（*Macrosolen cochinchinensis*）等植物。

习　　性：该种在江西齐云山国家级自然保护区一年 2 代，以幼虫越冬，成虫期分别发生在 4~5 月、10~11 月。常见于海拔相对比较高的山头，呈滑翔式飞翔。

观蝶月份：4、5、10、11。

分　　布：中国分布于陕西、湖北、浙江、江西、福建、云南、广东、台湾等地。印度及东南亚各国也有分布。

本区分布：下十八垒、上十八垒、桶江。

DNA 条形码：GenBank Accession: GU813980.1。

大翅绢粉蝶 *Aporia largeteaui* (Oberthür, 1881)

粉蝶科（Pieridae）绢粉蝶属（*Aporia*）

形态特征：成虫翅展 76~85mm。翅表白色，翅脉褐色，脉纹附近灰黑色，愈近外缘愈宽，前后翅亚缘带波浪状。后翅反面基部有红斑，脉纹较深。

寄主植物：小檗科（Berberidaceae）十大功劳（*Mahonia fortunei*）、阔叶十大功劳（*Mahonia bealei*）等植物。

习　　性：该种在江西齐云山国家级自然保护区一年 1 代，以幼虫越冬。成虫期 5~7 月。该蝶常见于海拔较高的山区。

观蝶月份：5、6、7。

分　　布：中国分布于陕西、河南、湖南、湖北、江西、浙江、福建、广东、广西、四川、云南等地。国外未见相关报道。

本区分布：三角潭、桶江。

DNA 条形码：GenBank Accession: KU921263.1。

正面

反面

黄尖襟粉蝶 *Anthocharis scolymus* Butler, 1866

粉蝶科（Pieridae）襟粉蝶属（*Anthocharis*）

形态特征：成虫翅展 35~45mm。翅白色，前翅中室端有 1 个黑斑，顶角尖出，略呈钩状，有 3 个黑点排成三角形。雄蝶前翅顶角有橙色斑，雌蝶无。

寄主植物：该蝶寄主植物非常广泛，几乎包括所有十字花科（Cruciferae）的植物，如油菜（*Brassica campestris*）、甘蓝（*Brassica oleracea*）、萝卜（*Raphanus sativus*）、芥菜（*Brassica juncea*）等。

习　　性：该种在江西齐云山国家级自然保护区一年 1 代，以蛹越冬。成虫期 4~6 月。

观蝶月份：4、5、6。

分　　布：该种属于广布种，中国广泛分布于各地。朝鲜、俄罗斯、韩国、日本等国也有分布。

本区分布：鸡公坝、上十八垒、下十八垒。

DNA 条形码：GenBank Accession：AB107921.1。

蚜灰蝶

黄带褐蚬蝶 *Abisara fylla* (Westwood, 1851)

灰蝶科（Lycaenidae）褐蚬蝶属（*Abisara*）

正面

反面

形态特征：成虫翅展 46~50mm。雄蝶前翅黑褐色，由前缘中部至后角有 1 条淡黄色带，亚外缘细条模糊，顶角有 3 个小白点三角排列；后翅棕褐色，亚外缘有 6 个黑斑，排成 1 列，斑端有小白点。雌蝶翅面斜带淡青色，亚外缘细条明显，其顶部有 2 个白点；后翅斑列和雄蝶一样。

寄主植物：紫金牛科（Myrsinaceae）杜茎山（*Maesa japonica*）等植物。

习　　性：该种在江西齐云山国家级自然保护区一年多代，有一定的世代重叠现象，以成虫越冬。成虫期 4~11 月。

观蝶月份：4、5、6、7、8、9、10、11。

分　　布：中国分布于江西、浙江、陕西、四川、云南、福建等南方地区。印度、尼泊尔、越南等国也有分布。

本区分布：桶江。

DNA 条形码：GenBank Accession：KT286413。

蛇目褐蚬蝶 *Abisara echerius* (Stoll, 1790)

灰蝶科（Lycaenidae）褐蚬蝶属（*Abisara*）

形态特征： 成虫翅展 40~45mm。翅面底色由黑褐色、棕红色到褐黄色，因亚种或季节而变化。前翅外域有 2 条颇宽的淡色横带，带外与带间色略深，显出 2~4 条深色横带纹，均伸达前后缘，稍外弯与外缘平行，外缘尚有深浅的细线；中室内有 1 个褐色细斑。后翅缘在 M_3 脉端呈阶梯状，十分明显；翅外域也有 1 宽 2 窄共 3 条浅色横纹，后 2 条稍呈波纹状，在顶角域有 2 个白色黑斑，臀角域也有 2 个较小的斑。翅反面色浅，斑纹比正面明显。雌蝶体较大。

寄主植物： 紫金牛科（Myrsinaceae）酸藤子（*Embelia laeta*）等植物。

习　　性： 该种在江西齐云山国家级自然保护区一年多代，有一定的世代重叠现象，以成虫或者幼虫越冬。成虫期 4~11 月。

观蝶月份： 4、5、6、7、8、9、10、11。

分　　布： 中国分布于浙江、福建、江西、广东、香港、广西、海南等南方地区。泰国、缅甸、斯里兰卡、印度、越南等国也有分布。

本区分布： 桶江、三角潭。

DNA 条形码： GenBank Accession: KJ402121。

正面

反面

99

白带褐蚬蝶 *Abisara fylloides* (Moore, 1902)

灰蝶科（Lycaenidae）褐蚬蝶属（*Abisara*）

形态特征：成虫翅展 46~50mm。前翅斜带白色或者黄色，近似于黄带褐蚬蝶，但不可以依据斜带的颜色来区分。两者区别在于：本种个体明显要小，前翅近顶角正反面均无白色斑点；翅面色浅，斜带白色，翅缘有白色缘毛，雌蝶斜带较雄蝶细，后翅中部有 1 条模糊细条纹。

寄主植物：紫金牛科（Myrsinaceae）杜茎山（*Maesa japonica*）等植物。

习　　性：该种在江西齐云山国家级自然保护区一年多代，有一定的世代重叠现象，以成虫越冬。成虫期 4~11 月。

观蝶月份：4、5、6、7、8、9、10、11。

分　　布：中国分布于华东、华南、中南、西南等地区。越南、老挝等国也有分布。

本区分布：桶江、上十八垒。

DNA 条形码：GenBank Accession：HQ259069。

波蚬蝶　*Zemeros flegyas* (Cramer, 1780)

灰蝶科（Lycaenidae）波蚬蝶属（*Zemeros*）

形态特征：成虫翅展 36~41mm。翅面绯红褐色，脉纹色浅；有白点，在每个白点的内方均连有 1 个深褐色斑，此白点在亚缘和中域上呈 1 条整齐的列行，中域列内外还有几个散的小白点；前翅外缘波曲，后翅外缘还在 M$_3$ 脉端突出呈角度。翅反面色淡，斑纹清晰。

寄主植物：紫金牛科（Myrsinaceae）杜茎山（*Maesa japonica*）和鲫鱼胆（*Maesa perlarius*）等植物。

习　　性：该种在江西齐云山国家级自然保护区一年多代，以成虫越冬。成虫几乎常年可见，成虫期 4~12 月。

观蝶月份：4、5、6、7、8、9、10、11、12。

分　　布：中国分布于浙江、江西、湖北、福建、广东、广西、海南、四川、云南、西藏等地。印度、缅甸、马来西亚、印度尼西亚和菲律宾等国也有分布。

本区分布：鸡公坝、上十八垒、下十八垒、桶江。

DNA 条形码：GenBank Accession：KJ402187。

正面

反面

白蚬蝶 *Stiboges nymphidia* Butler, 1876

灰蝶科（Lycaenidae）白蚬蝶属（*Stiboges*）

形态特征：成虫翅展 35~46mm。成虫飞行活跃，翅白色透明，前翅前缘和两翅的外缘黑褐色，在黑色区内前缘亚端部有 2 个白点，外缘和亚缘各有 1 条白点列，亚缘的点小。后翅黑色区内有 1 条长形外缘白斑列，亚缘列模糊不清。雄雌异型，雄蝶较小，前翅外缘直，雌蝶较大，前翅外缘圆弧状。

寄主植物：紫金牛科（Myrsinaceae）莲座紫金牛（*Ardisia primulaefolia*）。

习　　性：该种在江西齐云山国家级自然保护区一年多代，以成虫和幼虫越冬。成虫期 4~10 月。

观蝶月份：4、5、6、7、8、9、10。

分　　布：该蝶属于典型的广布种，中国广泛分布于华南、西南各地区。缅甸、印度尼西亚、泰国等国也有分布。

本区分布：上十八垒、下十八垒。

DNA 条形码：GenBank Accession：KT286414。

银纹尾蚬蝶 *Dodona eugenes* Bates, 1867

灰蝶科（Lycaenidae）尾蚬蝶属（*Dodona*）

形态特征： 成虫翅展 35~40mm。翅面黑褐色，前翅外缘较直，顶部有几个小白点，端半部橙黄色斑，基半部有 2 条横斑直达后缘。后翅外缘波曲明显，斑纹长形直达臀角，臀角突出或耳垂状，其外侧有尾状突。

寄主植物： 紫金牛科（Myrsinaceae）密花树（*Rapanea neriifolia*）和朱砂根（*Ardisia crenata*）等植物。

习　　性： 该种在江西齐云山国家级自然保护区一年多代，世代重叠现象明显，主要以成虫越冬。成虫期 4~11 月。

观蝶月份： 4、5、6、7、8、9、10、11。

分　　布： 中国分布于广东、江西（南部）、福建、海南等南方地区。印度、缅甸、泰国等国也有分布。

本区分布： 桶江、鸡公坝、上十八垒。

DNA 条形码： GenBank Accession：KX866728.1。

斜带缺尾蚬蝶 *Dodona ouida* (Hewitson, 1866)

灰蝶科（Lycaenidae）尾蚬蝶属（*Dodona*）

形态特征：成虫翅展 36~43m。雄蝶翅面暗褐色，前翅有 3 条橙黄色横带，顶角有 2 个小白点；后翅的 3 条横带较窄，汇聚于臀角，臀角耳垂状突具黑色斑。翅反面栗褐色，前翅前缘中部和亚端部斑明显，后翅前缘基部和中部斑清晰，其余类似正面。雌蝶翅黑褐色，前翅中横带白色，顶端部有 3 个小白点，棕黄色的亚缘条细；后翅中横带不明显，端部和亚端的较明显。翅反面色浅，前顶端部有 4 个小白点，后翅的顶部有 2 个黑斑，其余白色横条均清晰。

寄主植物：紫金牛科（Myrsinaceae）密花树（*Rapanea neriifolia*）和朱砂根（*Ardisia crenata*）等植物。

习　　性：该种在江西齐云山国家级自然保护区一年多代，世代重叠现象明显，主要以幼虫越冬，偶有成虫越冬。成虫期 4~11 月。

观蝶月份：4、5、6、7、8、9、10、11。

分　　布：中国分布于广东、江西（南部）、福建、海南等南方地区。印度、缅甸、泰国等国也有分布。

本区分布：下十八垒、上十八垒。

DNA 条形码：GenBank Accession：KX866691。

蚜灰蝶　*Taraka hamada* (Druce, 1875)

灰蝶科（Lycaenidae）蚜灰蝶属（*Taraka*）

形态特征：成虫翅展 21~25mm，翅正面栗褐色，翅膜透明，反面的斑点在正面隐约可见；前后翅外缘白色，脉端棕色。翅反面白色，斑纹黑褐色，外缘有 1 条黑色细线，线上有三角形小斑点，亚缘有 1 列圆斑；前翅前缘中段有 4 个分布均匀的圆斑，基部有 1 个斑点；两翅还散布不少圆形或近圆形斑点。雌雄同型，雌蝶颜色稍浅，体形较大。

寄主植物：该蝶主要是以植物上各种蚜科昆虫、半翅目各种介壳虫的分泌物为取食对象。

习　　性：该种在江西齐云山国家级自然保护区一年多世代，以幼虫或成虫越冬。成虫期 2~12 月。

观蝶月份：2、3、4、5、6、7、8、9、10、11、12。

分　　布：中国分布于广东、广西、福建、台湾、浙江、江西、四川。

本区分布：桶江、三角潭、鸡公坝。

DNA 条形码：GenBank Accession：GU372589。

正面

反面

浓紫彩灰蝶 *Heliophorus ila* (de Nicéville et Martin, 1896)

灰蝶科（Lycaenidae）彩灰蝶属（*Heliophorus*）

正面

反面

形态特征： 成虫翅展 26~35mm。雄蝶翅正面黑褐色，在中室下半部、cu_2 室基部和 2a 室基半部，以及后翅的同样区域有深紫蓝色光泽。后翅外缘橙红色新月斑仅在 2a 和 cu_2 室。雌蝶翅面黑色，在中室端外，cu_1 室基部有窄的不规则橙红色斑，后翅外缘新月形橙色斑止于 m_2 或 m_1 室。翅反面橙黄色，前翅缘有窄的赤红带终止于 2A 脉，外缘有黑边，后角有 1 个长形黑斑，具白边。后翅反面外缘赤红带冠以三角形黑斑，内侧有黑白两色边。后中横线为间断白色，基半部散布有黑点。

寄主植物： 蓼科（Polygonaceae）植物。

习　　性： 该种在江西齐云山国家级自然保护区一年多代，以幼虫越冬。成虫期 3~11 月。

观蝶月份： 3、4、5、6、7、8、9、10、11。

分　　布： 中国分布于浙江、福建、江西、广东、广西、四川、重庆、陕西、河南、海南、台湾等地。印度、缅甸、泰国、马来西亚、印度尼西亚等国也有分布。

本区分布： 上十八垒、下十八垒、三角潭、桶江。

DNA 条形码： GenBank Accession：KT236348.1。

玛灰蝶 *Mahathaio ameria* (Hewitson, 1862)

灰蝶科（Lycaenidae）玛灰蝶属（*Mahathaio*）

形态特征：成虫翅展 40~45mm，雄雌同型。前翅基部和后翅中部具紫蓝色，其余为黑色。前翅外缘前端波状，中部凹入。后翅顶角尖出，臀角向内突出，尾突末端膨大而圆。

寄主植物：大戟科（Euphorbiaceae）石岩枫（*Mallotus repandus*）等植物。

习　　性：该种在江西齐云山国家级自然保护区一年2~3代，以成虫越冬。成虫期4~10月。

观蝶月份：4、5、6、7、8、9、10。

分　　布：中国分布于长江以南各地区。印度、印度尼西亚、泰国、越南等国也有分布。

本区分布：桶江、三角潭。

DNA 条形码：GenBank Accession：OL161363.1。

正面

反面

银线灰蝶 *Spindasis lohita* (Horsfield, 1829)

灰蝶科（Lycaenidae）银线灰蝶属（*Spindasis*）

正面

反面

形态特征：成虫翅展 30~40mm。翅表蓝黑色，斑纹黑色，较大；后翅臀角有橙色斑，较大，旁边有 2 个黑斑点，尾带 2 条。翅反面淡黄色，有数条黑带，黑带中间有银色线，其中前翅中室基部有 1 个三角形黑环，亚外缘至中带有 2 个由黑带构成的"V"字形环，外缘黑褐色；后翅黑色几乎都伸向臀角，基部第 2 条不断裂，后翅臀角橙色斑较大，有 2 个黑点。

寄主植物：寄主植物众多，一般这些植物上有一个共同的特征就是都有举腹蚁。

习　　性：该种在江西齐云山国家级自然保护区一年 2 代，以幼虫越冬。成虫期 5~9 月。

观蝶月份：5、6、7、8、9。

分　　布：中国分布于江西、福建、广西、台湾等地。越南、缅甸、印度、斯里兰卡等国及马来半岛也有分布。

本区分布：桶江、鸡公坝、三角潭。

DNA 条形码：GenBank Accession：MN132384。

尖翅银灰蝶 *Curetis acuta* Moore, 1877

灰蝶科（Lycaenidae）银灰蝶属（*Curetis*）

形态特征：成虫翅展 35~45mm。翅黑褐色，前翅顶角钝尖，后翅臀角稍尖出。雄蝶前翅中室下半部、m_3 室、cu_1 室以及后翅中室外侧有橙红色斑；雌蝶则为青白色斑。反面雌雄皆为银白色，后翅沿外缘各室有极细小的黑点列。

寄主植物：豆科（Leguminosae）葛（*Pueraria lobata*）、香花崖豆藤（*Millettia dielsiana*）等植物。

习　　性：该种在江西齐云山国家级自然保护区一年发生多代，世代重叠现象明显，以成虫越冬。成虫期 4~11 月。

观蝶月份：4、5、6、7、8、9、10、11。

分　　布：该种属于广布种，中国广泛分布于西藏、河南、陕西、四川、湖北、浙江、江西、福建、云南等地。日本、朝鲜、印度等国也有分布。

本区分布：上十八垒、下十八垒、鸡公坝、桶江。

DNA 条形码：GenBank Accession：AB175853.1。

正面

反面

鹿灰蝶 *Loxura atymnus* (Stoll, 1780)

灰蝶科（Lycaenidae）鹿灰蝶属（*Loxura*）

形态特征： 成虫翅展 30~40mm。翅面橘红色，前翅顶端和外缘黑色；后翅 Cu_2 脉端有 1 条长尾。翅反面褐黄色，前、后翅有 1 条褐色中带。雌蝶比雄蝶颜色更暗，黑色更浓。此蝶随季节不同，翅反面斑纹有变化。

寄主植物： 未知。

习　　性： 该种在江西齐云山国家级自然保护区一年 1~2 代，以蛹越冬。成虫期 5~8 月。

观蝶月份： 5、6、7、8。

分　　布： 中国分布于海南、广东、广西、云南等地。缅甸、泰国、马来西亚、新加坡、孟加拉国、印度、斯里兰卡等国及喜马拉雅山区也有分布。

本区分布： 桶江、三角潭、下十八垒。

DNA 条形码： GenBank Accession：HQ962189.1。

绿灰蝶 *Artipe eryx* (Linnaeus, 1771)

灰蝶科（Lycaenidae）绿灰蝶属（*Artipe*）

形态特征：翅展 32~40mm。雄蝶翅正面黑褐色，前翅中室至后缘、后翅中室端至外缘有闪光浓紫蓝斑，后翅臀角叶状突出，其上有蓝黑色点，尾突细长。翅反面绿色，前翅后缘部灰白色，有 1 条白色中外横线；后翅外横线间断扭曲，尾状突基部两侧各有 1 个黑点，臀角黑色。雌蝶翅正面黑褐色，后翅 2a、cu_2 和 cu_1 室亚外缘有白斑，臀角黑色，尾突细长，黑色。翅反面绿色，前翅同雄蝶，后翅中横列不明显，亚缘从 2a 至 m_3 室有白斑列，臀角黑色，内侧白色；尾状突起基部有 2 个黑斑。

寄主植物：茜草科（Rubiaceae）栀子（*Gardenia jasminoides*）等植物。

习　　性：该种在江西齐云山国家级自然保护区一年发生 2~3 代，以幼虫在黄栀子果实内越冬。成虫期 5~10 月。

观蝶月份：5、6、7、8、9、10。

分　　布：中国分布于长江以南各地区。印度、日本、越南、菲律宾、泰国等国也有分布。

本区分布：桶江、三角潭、上十八垒。

DNA 条形码：GenBank Accession: OL174300.1。

正面

反面

尼采梳灰蝶 *Ahlbergia nicevillei* (Leech, 1893)

灰蝶科（Lycaenidae）梳灰蝶属（*Ahlbergia*）

形态特征： 成虫翅展 26~30mm。雄蝶翅面黑褐色，前后翅基部和中部银蓝色，翅缘毛灰白色；后翅内缘后半部凹陷，臀角向内突出。翅反面，前翅色浅，中部有 1 个弓形斑；后翅基半部深红褐色，中横带宽，色浅，达 Cu_1 脉时向内折，后缘中部有 1 个褐色新月斑。

寄主植物： 忍冬科（Caprifoliaceae）忍冬（*Lonicera japonica*）等植物。

习　　性： 该种在江西齐云山国家级自然保护区一年 1 代，以蛹越冬。成虫期 6~8 月。

观蝶月份： 6、7、8。

分　　布： 中国分布于华北、华中和华南地区。国外未见相关报道。

本区分布： 桶江、三角潭。

DNA 条形码： GenBank Accession：KX057945.1。

生灰蝶 *Sinthusa chandrana* (Moore, 1882)

灰蝶科（Lycaenidae）生灰蝶属（*Sinthusa*）

形态特征：成虫翅展 20~30mm。雄蝶前翅面黑褐色；后翅前缘及臀区褐色，其他部分有紫蓝色光泽，前翅后缘中部有黑色毛束性标。翅反面灰褐色，斑纹有白边，前翅外横带中间折断，亚外缘有 1 个新月形横斑列，其外侧白色；后翅前缘基部有 1 个小斑，中室端有斑，中室外有呈弧形斑列，亚外缘同前翅；臀角突和 cu_2 室端有 1 个橙红斑，内有 1 个黑点，尾突纤细。

寄主植物：蔷薇科（Rosaceae）粗叶悬钩子（*Rubus alceaefolius*）和山莓（*Rubus corchorifolius*）等植物。

习　　性：该种在江西齐云山国家级自然保护区一年多代，主要以蛹或者成虫越冬。成虫期几乎全年可见，主要发生期在 4~8 月。

观蝶月份：4、5、6、7、8。

分　　布：中国分布于长江以南各地区。印度、缅甸、泰国、新加坡、马来西亚等国也有分布。

本区分布：桶江、三角潭、上十八垒、鸡公坝。

DNA 条形码：GenBank Accession：无。

正面

反面

淡黑玳灰蝶 *Deudorix rapaloides* (Naritomi, 1941)

灰蝶科（Lycaenidae）玳灰蝶属（*Deudorix*）

形态特征： 成虫翅展 32~40mm。翅正面黑褐色，雄蝶后翅具有蓝色光泽，反面灰白色，亚外缘有 1 列褐色线，臀角和 cu_2 室各有 1 个黑色圆斑，后翅具有 1 对尾突。

寄主植物： 山茶科（Theaceae）尖连蕊茶（*Camellia cuspidata*）和大头茶（*Gordonia axillaris*）等植物。

习　　性： 该种在江西齐云山国家级自然保护区一年 2 代。成虫期 5~10 月。

观蝶月份： 5、6、7、8、9。

分　　布： 中国分布于江西、浙江、福建、海南、台湾等地。

本区分布： 上十八垒。

DNA 条形码： GenBank Accession：无。

冷灰蝶 *Ravenna nivea* (Nire, 1920)

灰蝶科（Lycaenidae）冷灰蝶属（*Ravenna*）

形态特征： 成虫翅展 32~38mm。翅正面呈淡蓝色，翅反面呈白色，有多条褐色细线；后翅具有 1 对尾突。成虫飞行缓慢，便于观察。

寄主植物： 壳斗科（Fagaceae）青冈（*Cyclobalanopsis glauca*）等植物。

习　　性： 该种在江西齐云山国家级自然保护区一年 1 代，以卵越冬。成虫期 4~6 月。

观蝶月份： 4、5、6。

分　　布： 中国分布于华中地区和华南地区。国外未见相关报道。

本区分布： 鸡公坝、上十八垒、下十八垒。

DNA 条形码： GenBank Accession：无。

正面

反面

曲纹紫灰蝶 *Chilades pandava* (Horsfield, 1829)

灰蝶科（Lycaenidae）紫灰蝶属（*Chilades*）

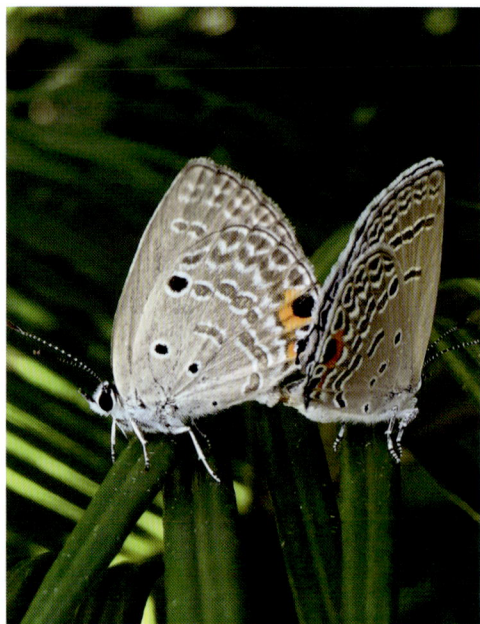

形态特征：成虫翅展 26~30mm。雄蝶翅正面以灰色、褐色、黑色等为主，有金属光泽，且两翅正反面的颜色及斑纹截然不同，反面的颜色丰富多彩，斑纹变化也很多样。雌蝶呈灰黑色，前翅外缘黑色，后翅外缘有细的黑白边，前翅亚外缘有 2 条黑白色的灰色带，后中横斑列也具白边，中室端纹棒状。

寄主植物：苏铁科（Cycadaceae）苏铁（*Cycas revoluta*）等植物。

习　　性：该种在江西齐云山国家级自然保护区一年 3~4 代，以成虫越冬。成虫期 4~11 月。

观蝶月份：4、5、6、7、8、9、10、11。

分　　布：中国分布于长江以南各地区。印度、马来西亚等国也有分布。

本区分布：桶江、鸡公坝、上十八垒、下十八垒。

DNA 条形码：GenBank Accession：GU076353.1。

116

酢浆灰蝶 *Pseudozizeeria maha* (Kollar, 1844)

灰蝶科（Lycaenidae）酢浆灰蝶属（*Pseudozizeeria*）

形态特征：成虫翅展 20~27mm。翅正面蓝紫色，前翅外缘和后翅前缘黑褐色，后翅外缘有 1 列小黑点。翅反面褐灰色，前后翅中部的 1 列斑点色较深，成"<"形，后翅亚外缘有 2 列斑点，翅基有 1 列斑点，近成 1 条直线。

寄主植物：酢浆草科（Oxalidaceae）红花酢浆草（*Oxalis corymbosa*）和黄花酢浆草（*Oxalis pes-caprae*）等植物。

习　　性：该种在江西齐云山国家级自然保护区一年多代，世代交替现象发生频繁，主要以成虫越冬。几乎常年可见成虫，主要发生期集中在 4~10 月。

观蝶月份：4、5、6、7、8、9、10。

分　　布：中国分布于长江以南各地区。印度、日本、菲律宾、泰国等国也有分布。

本区分布：桶江、三角潭、鸡公坝、上十八垒、下十八垒。

DNA 条形码：GenBank Accession: KJ508010。

正面

反面

蓝灰蝶 *Everes argiades* (Pallas, 1771)

灰蝶科（Lycaenidae）蓝灰蝶属（*Everes*）

形态特征：成虫翅展 26~30mm，雌雄异型。雄蝶翅面蓝紫色，外缘黑色，前翅中室端部有 1 个明显黑斑，后翅有小尾突；雌蝶翅面黑褐色，中室无黑斑。

寄主植物：豆科（Leguminosae）长萼鸡眼草（*Kummerowia stipulacea*）、白车轴草（*Trifolium repens*）等植物。

习　　性：该种在江西齐云山国家级自然保护区一年多代，以成虫越冬。成虫期 4~11 月。

观蝶月份：4、5、6、7、8、9、10、11。

分　　布：该种属于广布种，中国广泛分布于多地。日本、朝鲜及欧洲多国、北美洲等地也有分布。

本区分布：三角潭、上十八垒、下十八垒。

DNA 条形码：GenBank Accession：GU696023.1。

波太玄灰蝶 *Tongeia potanini* (Alphéraky, 1889)

灰蝶科（Lycaenidae）玄灰蝶属（*Tongeia*）

形态特征：成虫翅展 26~30mm。翅正面黑褐色，缘毛白色，间细黑线，无斑纹，尾突很长。翅反面灰白色，黑色斑纹发达，沿外缘有 2 列斑纹，前翅外列斑细小，后翅为甚大的圆点，各斑相连成弧形条纹；外横列粗大，前翅分成 2 段，下段靠内；后翅分成 3 段，中段靠外。前翅反面基半部无黑斑，后翅反面基部有 3 个小黑点，近臀角的 cu_2、cu_1 室橙色，黑斑内银白色鳞有蓝绿色闪光。

寄主植物：苦苣苔科（Gesneriaceae）紫花马铃苣苔（*Oreocharis argyreia*）、华南半蒴苣苔（*Hemiboea follicularis*）等植物。

习　　性：该种在江西齐云山国家级自然保护区一年 4~5 代，以蛹越冬。成虫期 4~11 月。

观蝶月份：4、5、6、7、8、9、10、11。

分　　布：中国分布于陕西以南各地区。印度、越南、泰国、老挝等国也有分布。

本区分布：桶江、鸡公坝、下十八垒。

DNA 条形码：GenBank Accession: PP079599.1。

正面

反面

点玄灰蝶 *Tongeia filicaudis* (Pryer, 1877)

灰蝶科（Lycaenidae）玄灰蝶属（*Tongeia*）

形态特征：成虫翅展 22~26mm。翅正面黑褐色，隐约可见后翅亚外缘有蓝斑 1 列，另有 1 条短细尾突。翅反面灰白色，缘毛白色。前翅反面外缘线黑色，内有 2 列黑斑，中室内外有 3 个黑斑；后翅反面外缘线褐色，内有围绕橙红色的 2 列黑斑，排成弧形，中室内外也有 3 个黑斑。

寄主植物：景天科（Crassulaceae）凹叶景天（*Sedum emarginatum*）、圆叶景天（*Sedum makinoi*）等植物。

习　　性：该种在江西齐云山国家级自然保护区一年 3~4 代，以蛹越冬。成虫期 4~11 月。

观蝶月份：4、5、6、7、8、9、10、11。

分　　布：该种是广布种，中国广泛分布于各地。

本区分布：三角潭。

DNA 条形码：GenBank Accession：JQ423265.1。

棕灰蝶　*Euchrysops cnejus* (Fabricius, 1798)

灰蝶科（Lycaenidae）棕灰蝶属（*Euchrysops*）

形态特征：成虫翅展 30~40mm。雄蝶翅正面青紫色，前翅外缘暗色带窄，后翅 2a 和 cu_2 室有圆斑，其他各室斑不明显，前翅中室端短条也不明显；尾突短，前翅的缘毛基半黑褐色，后端半白色。雌蝶翅正面棕黑色，中后域有蓝色光泽，后翅 2a 和 cu_2 室黑斑圈有红色纹，翅反面灰黄色。前翅亚外缘 2 列斑有白边，后中横斑列靠近亚缘斑列，下端 2 个斑内移，中室端斑长形；后翅翅基有 3 个显著的黑斑，后中横带上端有 1 个黑色斑，在 2a 和 cu_2 室黑斑周围有橙黄纹。

寄主植物：豆科（Leguminosae）豇豆（*Vigna unguiculata*）、扁豆（*Lablab purpureus*）、四季豆（*Phaseolus vulgaris*）等植物。

习　　性：该种在江西齐云山国家级自然保护区一年 2~3 代，成虫期 5~10 月。

观蝶月份：5、6、7、8、9、10。

分　　布：中国分布于长江以南各地区。印度、马来西亚等国也有分布。

本区分布：桶江。

DNA 条形码：GenBank Accession: KF390930。

正面

反面

亮灰蝶 *Lampides boeticus* (Linnaeus, 1767)

灰蝶科（Lycaenidae）亮灰蝶属（*Lampides*）

正面

反面

形态特征：成虫翅展 30~35mm，雌雄异型。雄性翅表蓝紫色，后翅近臀角处有 2 个黑点，尾带细长。雌性前后翅中部黄色，后翅外缘有 1 列黑色圆点。翅反面灰白色，由许多白色细线与褐色带组成波状纹，在中室内有 1 个波纹，后翅亚外缘有 1 条较宽的白色带，臀角处有 2 个浓黑色斑，此斑下面具绿黄色鳞片，上方橙黄色。

寄主植物：豆 科（Leguminosae）扁 豆（*Lablab purpureus*）、豇豆（*Vigna unguiculata*）；葛（*Pueraria lobata*）、香花崖豆藤（*Millettia dielsiana*）等植物。

习　　性：该种在江西齐云山国家级自然保护区一年多代，以蛹越冬，偶有成虫越冬。几乎全年均可见成虫，成虫盛发期 4~10 月。

观蝶月份：4、5、6、7、8、9、10。

分　　布：中国广泛分布于陕西以南各地区。南欧至澳大利亚等地也有分布。

本区分布：三角潭、桶江、下十八垒。

DNA 条形码：GenBank Accession: KF392472。

琉璃灰蝶 *Celastrina argiolus* (Linnaeus, 1758)

灰蝶科（Lycaenidae）琉璃灰蝶属（*Celastrina*）

形态特征： 成虫翅展 30~35mm。翅粉蓝色微紫，外缘黑带前翅较宽，雌蝶比雄蝶宽 2 倍，中室端脉有黑纹，缘毛白色。翅反面斑纹灰褐色，前翅亚外缘点列排成直线，后翅外线点列也近直线状，前、后翅外缘小圆斑大小均匀。雄蝶翅正面，尤其后翅具有特殊构造的发香鳞掺于普通鳞片之中。

寄主植物： 豆科（Leguminosae）美丽胡枝子（*Lespedeza formosa*）、槐（*Sophora japonica* var. *japonica*）、刺槐（*Robinia pseudoacacia*）、胡枝子（*Lespedeza bicolor*）等植物。

习　　性： 该种在江西齐云山国家级保护区一年多代，以蛹越冬。成虫期 3~11 月，其中，4~9 月为盛发期。

观蝶月份： 4、5、6、7、8、9。

分　　布： 中国分布于黑龙江、辽宁、山东、河南、河北、陕西、山西、甘肃、青海、江西、湖南、福建、浙江、四川、云南。东亚至北美等地也有分布。

本区分布： 下十八垒。

DNA 条形码： GenBank Accession: MH418891。

钮灰蝶 *Acytolepis puspa* (Horsfield, 1828)

灰蝶科（Lycaenidae）钮灰蝶属（*Acytolepis*）

正面

反面

形态特征：成虫翅展 22~28mm。雄蝶翅蓝色或青紫色，前后翅外缘有宽阔的黑色带，旱季型翅中区白色。雌蝶翅黑色，翅中部白色。前翅反面亚外缘各室黑斑排列方向不一致；后翅反面 2a 室近中部 2 个黑斑相连成直角。

寄主植物：大戟科（Euphorbiaceae）算盘子（*Glochidion puberum*）、土蜜树（*Bridelia tomentosa*）等植物。

习　　性：该种在江西齐云山国家级自然保护区一年多代，主要以成虫越冬。常年可见成虫，盛发期主要集中在 4~10 月。

观蝶月份：4、5、6、7、8、9、10。

分　　布：中国分布于华中、西南各地区。印度、越南、菲律宾、澳大利亚等国也有分布。

本区分布：桶江、上十八垒、下十八垒。

DNA 条形码：GenBank Accession：KF226263。

珍贵妩灰蝶 *Udara dilecta* (Moore, 1879)

灰蝶科（Lycaenidae）妩灰蝶属（*Udara*）

形态特征：成虫翅展 35~45mm。与白斑妩灰蝶相似，雄蝶前翅大部分青紫色，外缘黑带窄，中央白色部分小，而雌蝶黑带宽，中央白色部分比雄蝶大；后翅只顶角一小块白色，大部分青紫色，边缘黑色。雌蝶反面亚缘斑点清晰，后翅前缘及基部几个斑点明显。

寄主植物：壳斗科（Fagaceae）多穗柯（*Lithocarpus polystachyus*）等植物。

习　　性：该种在江西齐云山国家级自然保护区一年 2~3 代，以成虫越冬。成虫期 4~10 月。

观蝶月份：4、5、6、7、8、9、10。

分　　布：中国分布于华南、华中、西南各地区。印度、马来西亚、泰国等国也有分布。

本区分布：上十八垒、上十八垒、鸡公坝、桶江。

DNA 条形码：GenBank Accession：KJ698654。

正面

反面

白斑妩灰蝶 *Udara albocaerulea* (Moore, 1879)

灰蝶科（Lycaenidae）妩灰蝶属（*Udara*）

正面

反面

形态特征： 成虫翅展 35~45mm。雄蝶翅正面和同属其他种差异极大，底色青紫色，前翅中央有大形白斑，后翅除前、后缘为青紫色外其余大部分为白色；前翅外缘黑带前宽后窄，后翅外缘黑带极细。雌蝶翅外缘黑带很宽，黑褐色部分相当明显，白斑较狭窄；翅反面均为白色，亚外缘的弦月状斑纹列全部消失，但其他部位的斑纹大而明显。

寄主植物： 壳斗科（Fagaceae）多穗柯（*Lithocarpus polystachyus*）等植物。

习　　性： 该种在江西齐云山国家级自然保护区一年 2~3 代，以成虫越冬。成虫期 4~10 月。

观蝶月份： 4、5、6、7、8、9、10。

分　　布： 中国分布于浙江、福建、江西、广西、海南、台湾等地。印度、缅甸、泰国、马来西亚、印度尼西亚等国也有分布。

本区分布： 上十八垒、下十八垒、桶江、鸡公坝。

DNA 条形码： GenBank Accession：AB457751。

百娆灰蝶　*Arhopala bazala* (Hewitson, 1862)

灰蝶科（Lycaenidae）娆灰蝶属（*Arhopala*）

形态特征：成虫翅展 35~45mm。雄虫翅正面深黑褐色，上翅除外缘外具微弱蓝紫色光泽；翅反面底色褐色，具深褐色斑呈波浪状分布；下翅具短尾突。

寄主植物：壳斗科（Fagaceae）多穗柯（*Lithocarpus polystachyus*）等植物。

习　　性：该种在江西齐云山国家级自然保护区一年 2~3 代，以成虫越冬。成虫期 4~10 月。

观蝶月份：4、5、6、7、8、9、10。

分　　布：中国分布于浙江、福建、江西、广西、海南、台湾等地。印度、缅甸、泰国、马来西亚、印度尼西亚等国也有分布。

本区分布：桶江、上十八垒、下十八垒。

DNA 条形码：GenBank Accession：无。

黑丸灰蝶 *Pithecops corvus* **Fruhstorfer, 1919**

灰蝶科（Lycaenidae）丸灰蝶属（*Pithecops*）

形态特征：成虫翅展 26~28mm。雄蝶翅全部黑褐色，雌蝶前翅中央有淡色区无斑纹。前翅外缘凸出，顶角圆，前翅反面外缘有 1 列小黑点，亚外缘带淡褐色较模糊；前翅正面前缘具 2 个小黑点，后翅前缘近顶角有 1 个大而圆的黑斑。

寄主植物：豆科（Leguminosae）植物。

习　　性：该种在江西齐云山国家级自然保护区一年多代，以幼虫越冬。成虫期 4~10 月。

观蝶月份：4、5、6、7、8、9、10。

分　　布：中国分布于江西、浙江、福建、广西、海南、台湾等地。印度、缅甸、泰国、马来西亚、老挝、印度尼西亚、伊朗、日本等国也有分布。

本区分布：鸡公坝。

DNA 条形码：GenBank Accession：KF226594。

蓝丸灰蝶 *Pithecops fulgens* Doherty, 1889

灰蝶科（Lycaenidae）丸灰蝶属（*Pithecops*）

形态特征： 成虫翅展 25~28mm。雄蝶前翅正面外缘较平直且呈黑褐色，其余部分呈蓝紫色。雌蝶正面黑褐色无紫色闪光，前翅反面外缘有 1 列小黑点，亚外缘有 1 条淡黄色线；后翅前缘近顶角有 1 个黑色大圆斑。

寄主植物： 豆科（Leguminosae）疏花长柄山蚂蝗（*Hylodesmum laxum*）等植物。

习　　性： 该种在江西齐云山国家级自然保护区一年多代，以幼虫越冬。成虫期 4~10 月。

观蝶月份： 4、5、6、7、8、9、10。

分　　布： 中国分布于江西、浙江、福建、广西、海南、台湾等地。印度、缅甸、泰国、马来西亚、老挝、印度尼西亚、伊朗、日本等国也有分布。

本区分布： 上十八垒、下十八垒。

DNA 条形码： GenBank Accession：AB855930.1。

古楼娜灰蝶 *Nacaduba kurava* (Moore, 1858)

灰蝶科（Lycaenidae）娜灰蝶属（*Nacaduba*）

形态特征：成虫翅展 30~40mm。雄蝶翅紫蓝色，能透视反面条斑，外缘具黑色细边，缘毛黑褐色末端污白色，尾突黑色，末端白色。雌蝶前翅中室下半部至后缘天蓝色，中室端外白色，其余淡黑褐色，天蓝色部分宽窄个体差异甚大；后翅基部附近天蓝色，外缘各室有暗斑列，周围白线出现程度个体差异大，cu$_2$ 室黑色圆斑显著；反面灰褐色，白色条纹较粗，远比雄蝶亮丽。

寄主植物：禾本科（Gramineae）毛竹（*Phyllostachys edulis*）、黄竹（*Dendrocalamus membranaceus*）等植物。

习　　性：该种在江西齐云山国家级自然保护区一年多代，以成虫越冬。成虫期 3~12 月。

观蝶月份：3、4、5、6、7、8、9、10、11、12。

分　　布：中国分布于福建、江西、广东、香港、海南、广西、云南等南方地区。印度至澳大利亚等国也有分布。

本区分布：桶江、三角潭、下十八垒、上十八垒。

DNA 条形码：GenBank Accession：JN276863.1。

雅灰蝶 *Jamides bochus* (Stoll, 1782)

灰蝶科（Lycaenidae）雅灰蝶属（*Jamides*）

形态特征：成虫翅展 30~34mm。翅黑色，雄蝶前翅基半后部与后翅大部分紫蓝色，具金属闪光。雌蝶翅紫色部分无金属闪光，后翅紫色部分较雄蝶窄，亚外缘可见淡紫色波状线。雌雄翅反面灰褐色，斑纹相同；前后翅有许多条淡灰色波状线带，但前翅无亚基带；后翅臀角具 1 个大圆黑斑和 1 个小黑斑，中心有紫蓝色鳞，尾突细长黑色，末端白色。

寄主植物：豆科（Leguminosae）香花崖豆藤（*Millettia dielsiana*）、紫藤（*Wisteria sinensis*）、葛（*Pueraria lobata*）、扁豆（*Lablab purpureus*）、豇豆（*Vigna unguiculata*）等植物。

习　　性：该种在江西齐云山国家级自然保护区一年可发生多个世代，主要以成虫越冬，偶有以蛹越冬。几乎全年均可见成虫，盛发期主要集中在 4~10 月。

观蝶月份：4、5、6、7、8、9、10。

分　　布：中国分布于长江以南各地区。印度、菲律宾、泰国、澳大利亚等国也有分布。

本区分布：桶江、鸡公坝、上十八垒、下十八垒。

DNA 条形码：GenBank Accession: KJ774013。

正面

反面

蛱蝶科
NYMPHALIDAE

白带黛眼蝶

红锯蛱蝶　*Cethosia biblis* (Drury, 1773)

蛱蝶科（Nymphalidae）锯蛱蝶属（*Cethosia*）

形态特征： 成虫翅展 65~80mm。雄蝶翅正面橘红色，两翅具黑色锯状外缘，前翅中室内有几条黑色横线，中室端有 2 个小白斑，中域有 1 列"V"字形白色斑。雌蝶翅色淡，有的呈灰色或淡绿色。翅反面黄褐色或橙黄色斑纹特殊，两翅有淡色中横带及后中横带，其间有橄榄形黑色环列，每个环外侧有 2 个小黑点；前翅中室内有褐色和白色横带，其间有黑色细条纹。

寄主植物： 西番莲科（Passifloraceae）广东西番莲（*Passiflora kwangtungensis*）等植物。

习　　性： 该种在江西齐云山国家级自然保护区一年多代，以幼虫越冬。成虫期 5~11 月。

观蝶月份： 5、6、7、8、9、10、11。

分　　布： 中国分布于江西、福建、广东、海南、广西、四川、云南等南方地区。在缅甸、泰国、马来西亚、尼泊尔、不丹、印度等国也有分布。

本区分布： 桶江、鸡公坝。

DNA 条形码： GenBank Accession：KF226338。

苎麻珍蝶 *Acraea issoria* (Hübner, 1816)

蛱蝶科（Nymphalidae）珍蝶属（*Acraea*）

正面

反面

形态特征：成虫翅展 60~75mm。翅面黄褐色，前后翅外缘有宽黑褐色带。前翅嵌有黄白色斑；后翅嵌有黄白色三角形斑。雄蝶前翅中室有 1 个黑横纹；雌蝶前翅中室端内外各有 1 个横斑，cu_2 室也有 1 个黑斑。翅反面在三角形斑内侧有 1 条褐色红带。

寄主植物：荨麻科（Urticaceae）苎麻（*Boehmeria nivea*）、冷水花（*Pilea notata*）、糯米团（*Gonostegia hirta*）等植物。

习　　性：该种在江西齐云山国家级自然保护区一年 2 代，以幼虫越冬。成虫期 5~9 月。

观蝶月份：5、6、7、8、9。

分　　布：中国广泛分布于浙江、福建、江西、湖北、湖南、四川、云南、西藏、广东、广西、海南、台湾等地。印度、缅甸、泰国、越南、印度尼西亚、菲律宾等国也有分布。

本区分布：三角潭、上十八垒、下十八垒、鸡公坝、桶江。

DNA 条形码：GenBank Accession：KP662047。

青豹蛱蝶 *Damora sagana* (Doubleday, 1847)

蛱蝶科（Nymphalidae）青豹蛱蝶属（*Damora*）

形态特征： 成虫翅展 75~81mm，雌雄异型。雄蝶翅橙黄色，前翅 Cu_1、Cu_2、2A 脉上各有 1 个黑色性标，前缘中室外侧有 1 个近三角形橙色无斑区；后翅中央"<"形黑纹外侧也有 1 个较宽的橙色无斑区。雌蝶翅青黑色，中室内外各有 1 个长方形大白斑，后翅中部有 1 条白宽带。雄蝶前翅反面淡黄色；后翅亚外缘 2 列暗褐色斑均为圆形，中央 2 条细线纹在中室下脉处合为 1 条。雌蝶前翅反面顶角绿褐色，斑纹与正面近同；后翅缘褐色，亚外缘有 1 列三角形白斑，内侧有 5 个小白点，围有暗褐色环，中部有 1 条在中段以后内弯的白色宽横带，其内侧 1 条白色细线下端在中室后脉处与宽带相连。

寄主植物： 堇菜科（Violaceae）紫花地丁（*Viola philippica*）和犁头草（*Scutellaria franchetiana*）等植物。

习　　性： 该种在江西齐云山国家级自然保护区一年 2~3 代，以幼虫越冬。成虫期 5~11 月。

观蝶月份： 5、6、7、8、9、10、11。

分　　布： 中国广泛分布于黑龙江、吉林、陕西、河南、浙江、福建、广西、江西等地。日本、朝鲜、蒙古、俄罗斯等国也有分布。

本区分布： 桶江、鸡公坝、上十八垒、下十八垒、三角潭。

DNA 条形码： GenBank Accession：AB855892。

正面

反面

银豹蛱蝶 *Childrena childreni* (Gray, 1831)

蛱蝶科（Nymphalidae）银豹蛱蝶属（*Childrena*）

正面

反面

形态特征：成虫翅展 90~102mm。翅正面橙黄色，斑纹黑色。前翅外缘有 1 条黑线和 1 列相连的小斑，亚外缘有 2 列近圆形斑，中区另一近圆形斑列呈弧形弯曲，中室内有 4 条曲折横线。雄蝶在 Cu_1、Cu_2 和 $2A_3$ 脉上有黑褐色性标；后翅外缘波状，外缘和亚外缘斑列似前翅，中区斑列弯曲。前翅反面顶角区淡黄褐色，有 2 条白色短弧线，形成 1 个缺环，其余部分粉红色，黑斑除顶角区不明显外，其余同正面；后翅灰绿色，有许多银白色纵横交错的网状纹。

寄主植物：堇菜科（Violaceae）紫花地丁（*Viola philippica*）和犁头草（*Scutellaria franchetiana*）等植物。

习　　性：该种在江西齐云山国家级自然保护区一年 2 代，以蛹越冬。成虫期 5~10 月。

观蝶月份：5、6、7、8、9、10。

分　　布：中国分布于西藏、陕西、湖北、云南、浙江、江西、福建、广东等地。印度、缅甸等国也有分布。

本区分布：三角潭、下十八垄。

DNA 条形码：GenBank Accession：DQ922849。

斐豹蛱蝶 *Argynnis hyperbius* (Linnaeus, 1763)

蛱蝶科（Nymphalidae）豹蛱蝶属（*Argynnis*）

形态特征：成虫翅展 65~81mm，雌雄异型。雄蝶翅橙黄色，后翅外缘黑色具蓝白色细弧纹，翅面有黑色圆点。雌蝶前翅端半部紫黑色，其中有 1 条白色斜带。反面斑纹和颜色与正面有很大差异，前翅顶角暗绿色有小白斑；后翅斑纹暗绿色，亚外缘内侧有 5 个银白色小点，周围有绿色环，中区斑列的内侧或外侧具黑线，此斑列内侧的 1 列斑多近方形，基部有 3 个围有黑边的圆斑，中室 1 个内有白点，另有数个不规则纹。

寄主植物：堇菜科（Violaceae）紫花地丁（*Viola philippica*）和犁头草（*Scutellaria franchetiana*）等植物。

习　　性：该种在江西齐云山国家级自然保护区一年多代，以蛹越冬。成虫期 4~11 月。

观蝶月份：4、5、6、7、8、9、10、11。

分　　布：该种属于广布种，中国广泛分布于各地。日本、朝鲜、菲律宾、印度尼西亚、缅甸、泰国、不丹、尼泊尔、阿富汗、印度、巴基斯坦、孟加拉国、斯里兰卡等国也有分布。

本区分布：桶江、三角潭、上十八垒、下十八垒、鸡公坝。

DNA 条形码：GenBank Accession：KC158324。

正面

反面

玄珠带蛱蝶 *Athyma perius* (Linnaeus, 1758)

蛱蝶科（Nymphalidae）带蛱蝶属（*Athyma*）

形态特征：成虫翅展 53~55mm。前翅白斑多，大而显著，略显浑圆，中横斑列、外横斑列及亚缘线均完整，后翅中横列斑及外横列斑内侧有黑色圆点。翅反面黄褐色，外缘黑色，前翅白斑多围有黑边；后翅外横列斑内侧圆形黑点特别明显。

寄主植物：大戟科（Euphorbiaceae）毛果算盘子（*Glochidion eriocarpum*）。

习　　性：该种在江西齐云山国家级自然保护区一年 3~4 代，以幼虫越冬。成虫期 5~11 月。

观蝶月份：5、6、7、8、9、10、11。

分　　布：中国分布于海南、广东、福建、浙江、江西、广西、四川、台湾等地。印度、缅甸、斯里兰卡、印度尼西亚等国也有分布。

本区分布：桶江、三角潭、下十八垒、鸡公坝。

DNA 条形码：GenBank Accession：KF226314。

新月带蛱蝶 *Athyma selenophora* (Kollar, 1844)

蛱蝶科（Nymphalidae）带蛱蝶属（*Athyma*）

形态特征： 成虫翅展 51~56mm，雌雄异型。雄性翅表黑褐色，前翅中白带自 m_3 室向下与后翅相连呈弧形，俗称蛇形，前翅亚顶角有新月斑 3 个。翅反面暗褐色，前翅中室纵带 4 段，双翅外缘、亚外缘均有白斑，中带外侧区有黑斑列。雌性翅表色浅，中带细，各斑纹互相断开，不连成 1 条线。

寄主植物： 茜草科（Rubiacea）水团花（*Adina pilulifera*）、玉叶金花（*Mussaenda pubescens*）等植物。

习　　性： 该种在江西齐云山国家级自然保护区一年 2~3 代，以低龄幼虫和成虫越冬。成虫期 4~12 月。

观蝶月份： 4、5、6、7、8、9、10、11、12。

分　　布： 中国分布于海南、广东、广西、云南、福建、台湾、浙江、江西、四川等地。不丹、越南、泰国、印度、马来西亚、印度尼西亚等国也有分布。

本区分布： 桶江、下十八垄。

DNA 条形码： GenBank Accession：KF226318。

正面

反面

孤斑带蛱蝶 *Athyma zeroca* Moore, 1872

蛱蝶科（Nymphalidae）带蛱蝶属（*Athyma*）

正面

反面

形态特征：成虫翅展 55~61mm，雌雄异型。雄蝶正面黑褐色，有 1 条鲜明的弧形宽白带。雌蝶正面有 3 条黄色的斑带。雌雄两翅反面茶褐色，斑纹与正面对应。

寄主植物：茜草科（Rubiacea）钩藤（*Uncaria rhynchophylla*）和玉叶金花（*Mussaenda pubescens*）等植物。

习　　性：该种在江西齐云山国家级自然保护区一年 2~3 代，以低龄幼虫越冬。成虫期 4~10 月。

观蝶月份：4、5、6、7、8、9、10。

分　　布：该蝶属于广布种，中国广泛分布于华南各地区。尼泊尔、缅甸、越南等国也有分布。

本区分布：桶江、三角潭、下十八垒、鸡公坝。

DNA 条形码：GenBank Accession：KM288308。

六点带蛱蝶 *Athyma punctata* Leech, 1890

蛱蝶科（Nymphalidae）带蛱蝶属（*Athyma*）

形态特征：成虫翅展 62~67mm，雌雄异型。雌蝶翅黑色，有赭色的带纹，中室内眉纹箭状，但在 2/3 处断而为二。雄蝶翅黑色，前翅中区有 1 小 1 大白斑，后翅中区有 1 个更大的白斑。翅反面红褐色，雌雄斑纹同正面，但后翅肩区有白纹，雄蝶中室有眉纹。

寄主植物：未知。

习　　性：该种在江西齐云山国家级自然保护区一年 2 代，主要以幼虫越冬。成虫期分别在 5~7 月、9~10 月。

观蝶月份：5、6、7、9、10。

分　　布：中国分布于浙江、江西、广东、四川、湖南等地。

本区分布：上十八垒、鸡公坝。

DNA 条形码：GenBank Accession：MG747626。

珠履带蛱蝶 *Athyma asura* Moore, 1858

蛱蝶科（Nymphalidae）带蛱蝶属（*Athyma*）

正面

反面

形态特征：成虫翅展 48~54mm。翅正面黑褐色，斑纹白色。前翅中室内条斑细，末端断开；中横带列排成横"∨"字形，"∨"横带的顶斑在 m_2 室，特别小；亚外缘斑列细，在每一翅室内成新月形。后翅中横带极倾斜，边整齐；外横列斑圆形，中有黑色圆点。翅反面红褐色，中室内的条斑宽，后翅肩区有 1 个白纹；前后翅都有白色的外缘纹、亚外缘纹及有黑圆点的外横列斑。

寄主植物：冬青科（Aquifoliaceae）梅叶冬青（*Ilex asprella* var. *asprella*），忍冬科（Caprifoliaceae）菰腺忍冬（*Lonicera hypoglauca*）等植物。

习　　性：该种在江西齐云山国家级自然保护区一年 2~3 代，以幼虫越冬。成虫期 5~10 月份。

观蝶月份：5、6、7、8、9、10。

分　　布：中国分布于海南、广东、广西、云南、福建、江西、浙江、四川、台湾等地。缅甸、尼泊尔、印度、新加坡、印度尼西亚等国也有分布。

本区分布：桶江、上十八垒、下十八垒。

DNA 条形码：GenBank Accession：KM287723。

142

玉杵带蛱蝶 *Athyma jina* Moore, 1858

蛱蝶科（Nymphalidae）带蛱蝶属（*Athyma*）

形态特征： 成虫翅展 50~56mm，雌雄同型。雌体大，雄体小。翅表暗褐色，斑纹纯白色，前翅中室纵带棍棒状，双翅中横带相连呈弧状，前翅亚外缘带中段不明显，后翅亚外缘带纹较粗。翅反面棕褐色，双翅外缘有白色带纹。

寄主植物： 忍冬科（Caprifoliaceae）菰腺忍冬（*Lonicera hypoglauca*）、忍冬（*Lonicera japonica*）等植物。

习　　性： 该种在江西齐云山国家级自然保护区一年 2~3 代，以幼虫越冬。成虫期 5~10 月。

观蝶月份： 5、6、7、8、9、10。

分　　布： 中国分布于浙江、江西、福建、台湾、四川、云南、新疆等地。印度、缅甸、越南、泰国等国也有分布。

本区分布： 桶江、鸡公坝、上十八垒、下十八垒。

DNA 条形码： GenBank：EF534100.1。

正面

反面

相思带蛱蝶 *Athyma nefte* (Cramer, 1780)

蛱蝶科（Nymphalidae）带蛱蝶属（*Athyma*）

形态特征：成虫翅展 52~55mm。翅黑色，雄蝶前翅中室眉斑白色，断成 4 段；中横列斑白色，其中 m_3 室斑裂成 2 小白点；顶角斑及亚缘斑赭黄色。后翅中横带白色，外横带部分或全部赭黄色。雌蝶中室内眉斑锯状，不断；所有斑纹均赭黄色。

寄主植物：大戟科（Euphorbiaceae）毛果算盘子（*Glochidion eriocarpum*）等植物。

习　　性：该种在江西齐云山国家级自然保护区一年 2 代，主要以幼虫越冬。成虫期 5~9 月。

观蝶月份：5、6、7、8、9 。

分　　布：中国分布于海南、香港、广东、福建、云南等南方地区。尼泊尔、印度、缅甸、越南、泰国、马来西亚、菲律宾、印度尼西亚等国也有分布。

本区分布：桶江、三角潭、下十八垒、鸡公坝。

DNA 条形码：GenBank Accession：KF226312。

虬眉带蛱蝶 *Athyma opalina* (Kollar, 1844)

蛱蝶科（Nymphalidae）带蛱蝶属（*Athyma*）

形态特征： 成虫翅展 50~56mm。翅正面黑褐色，斑纹白色；前翅中室内条纹断成 4 段，亚缘斑只顶角及臀角存在。后翅中横带前宽后窄，外横带显著。翅反面红褐色，后翅肩区比正面多 1 条白纹。

寄主植物： 忍冬科（Caprifoliaceae）忍冬（*Lonicera japonica*）等植物。

习　性： 该种在江西齐云山国家级自然保护区一年 2 代，有春夏型之分，以幼虫越冬。成虫期分别在 5~7 月、9~11 月。

观蝶月份： 5、6、7、9、10。

分　布： 中国分布于海南、广东、福建、台湾、浙江、江西、四川、云南、西藏、河南、陕西等地。尼泊尔、缅甸、印度等国也有分布。

本区分布： 桶江。

DNA 条形码： GenBank Accession：KF590551。

正面

反面

残锷线蛱蝶 *Limenitis sulpitia* (Cramer, 1779)

蛱蝶科〔Nymphalidae〕线蛱蝶属〔*Limenitis*〕

形态特征：成虫翅展 61~66mm。翅正面黑褐色，斑纹白色，前翅中室内剑眉状纹在 2/3 处残缺；前翅中横斑列弧形排列，m_3 室与 cu_1 室的斑外移，m_3 室的斑特别小。后翅中横带极倾斜，到达翅后缘的 1/3 处；亚缘带的大部分与中横带平行，不与翅的外缘平行。翅反面红褐色，除白色斑纹外有黑色斑点，还有白色的外缘线。

寄主植物：忍冬科（Caprifoliaceae）忍冬（*Lonicera japonica*）、华南忍冬（*Lonicera confusa*）等植物。

习　　性：该种在江西齐云山国家级自然保护区一年多代，以幼虫越冬。成虫期 5~10 月。

观蝶月份： 5、6、7、8、9、10。

分　　布：中国分布于海南、广东、广西、湖北、江西、浙江、福建、台湾、河南、四川等地。越南、缅甸、印度等国也有分布。

本区分布：桶江、三角潭、鸡公坝、下十八垒。

DNA 条形码：GenBank Accession: JQ347260。

矛翠蛱蝶 *Euthalia aconthea* (Cramer, 1777)

蛱蝶科（Nymphalidae）翠蛱蝶属（*Euthalia*）

形态特征：成虫翅展 65~81mm。雄蝶翅较雌蝶翅尖，色较深，棕黑色，前后翅外缘色淡，有黑色宽而模糊的中带及较窄的外中带，中室内有黑色环纹；前翅中室外有 5 个白斑，排成弧形。翅反面基部淡灰绿色，端部棕色，外缘紫色，除无中带外，其余斑纹同正面。

寄主植物：壳斗科（Fagaceae）柯（*Lithocarpus glaber*）、灰柯（*Lithocarpus henryi*）等植物。

习　　性：该种在江西齐云山国家级自然保护区一年 1 代，以幼虫越冬。成虫期 6~9 月。

观蝶月份：6、7、8、9。

分　　布：中国分布于浙江、福建、海南、四川、云南等地。泰国、印度、斯里兰卡、马来西亚等国也有分布。

本区分布：上十八垒、下十八垒、鸡公坝。

DNA 条形码：GenBank Accession：MH019972。

绿裙边翠蛱蝶 *Euthalia niepelti* Strand, 1916

蛱蝶科（Nymphalidae）翠蛱蝶属（*Euthalia*）

形态特征：成虫翅展 60~70mm，雌雄异型。雄蝶前翅外缘凹陷，翅正面黑褐色，后翅外缘有 1 条蓝色带。雌蝶前翅近顶角有 2 个小白斑，中带有 5 个白斑，后翅中部有 1 条较宽蓝色带。前、后翅反面有 2 条黑色带纹，雌蝶反面顶角 1 个白斑明显，中带白斑 5 个。

寄主植物：山茶科（Theaceae）木荷（*Schima superba*）、短梗木荷（*Schima brevipedicellata*）等植物。

习　　性：该种在江西齐云山国家级自然保护区一年多代，以幼虫越冬。成虫期 4~11 月。

观蝶月份：4、5、6、7、8、9、10、11。

分　　布：中国分布于福建、广东、广西、云南、海南等南方地区。印度、越南、缅甸、马来西亚、泰国等国也有分布。

本区分布：桶江、鸡公坝。

DNA 条形码：GenBank Accession：无。

珀翠蛱蝶 *Euthalia pratti* Leech, 1891

蛱蝶科（Nymphalidae）翠蛱蝶属（*Euthalia*）

形态特征： 成虫翅展 72~79mm。翅正面暗绿色，前翅近顶角处有 2 个小白斑，中带白斑列向后角，后翅中带只见 2 个白斑，亚外缘可见暗褐色波状线。前翅反面顶角区黄褐色，cu_2、cu_1、m_3 室有黑斑；后翅反面中带的白斑，前缘 2 个较明显。

寄主植物： 壳斗科（Fagaceae）青冈属（*Cyclobalanopsis*）植物。

习　　性： 该种在江西齐云山国家级自然保护区一年多代，以老龄幼虫越冬。成虫期 5~11 月。

观蝶月份： 5、6、7、8、9、10、11。

分　　布： 中国分布于江西、四川、云南、浙江、湖南、广东、福建等地。

本区分布： 桶江、下十八垒。

DNA 条形码： GenBank Accession: HM999879。

黄翅翠蛱蝶 *Euthalia kosempona* Fruhstorfer, 1908

蛱蝶科（Nymphalidae）翠蛱蝶属（*Euthalia*）

形态特征： 成虫翅展 66~81mm，雌雄异型。雄蝶翅面棕褐色，斑纹橙黄色；前翅亚顶端部有 3 个小斑，中带斑不在一条直线上，在 m_3 和 cu_1 室的 2 个斑外移；中室黄色，有 2 个黑色肾形斑；2a 室基部有 "8" 字形斑纹；后翅中带完整；翅反面棕黄色，前翅亚外缘黑斑列明显，且宽，在后翅模糊。雌蝶正面斑纹白色；后翅中带退化，仅有 2~3 个小白斑；翅反面 cu_2 和 2a 室黑斑清晰，后翅中带有 5~6 个小淡黄色斑。

寄主植物： 壳斗科（Fagaceae）青冈属（*Cyclobalanopsis*）植物。

习　　性： 该种在江西齐云山国家级自然保护区一年 1 代，以幼虫越冬。成虫期 7~9 月。

观蝶月份： 7、8、9。

分　　布： 中国分布于广东、浙江、福建等南方地区。印度、泰国、马来西亚等国也有分布。

本区分布： 鸡公坝、桶江、上十八垒。

DNA 条形码： GenBank Accession：无。

150

西藏翠蛱蝶 *Euthalia thibetana* (Poujade, 1885)

蛱蝶科（Nymphalidae）翠蛱蝶属（*Euthalia*）

形态特征：成虫翅展 65~80mm。翅正面浓绿褐色，斑纹白色或黄色。前后翅中带几乎与外缘平行，前翅 M_2 室的斑小，1b 及 cu_2 室各有 1 个白斑；后翅中带从前缘一直延伸至 1b 室，其中带内缘平直。翅的边缘波状，前翅 M_1 和 Cu_2 脉及后翅 M_1 和 M_3 脉在外缘较突出。

寄 主 植 物：壳 斗 科（Fagaceae）青 冈 属（*Cyclobalanopsis*）植物。

习　　性：该种在江西齐云山国家级自然保护区一年多代，以老龄幼虫越冬。成虫期 5~11 月。

观蝶月份：5、6、7、8、9、10、11。

分　　布：该种属于广布种，中国广泛分布于江西、浙江、安徽、陕西、西藏、云南、福建、台湾等地。

本区分布：上十八垒、鸡公坝、下十八垒、桶江。

DNA 条形码：GenBank Accession：HM999881。

正面

反面

婀蛱蝶 *Abrota ganga* Moore, 1857

蛱蝶科（Nymphalidae）婀蛱蝶属（*Abrota*）

形态特征：成虫翅展 45~60mm，雌雄异型。雌蝶翅正面黑色，斑纹土黄色，近似虬眉带蛱蝶，但中室内的眉纹扩散，且在 2/3 处有 1 个深的缺刻。雄蝶翅正面赭黄色，翅面各有 3 条黑色波状斜纹，在后翅特别明显；前翅中室中部和端部各有 1 个黑色圈。

寄主植物：未知

习　　性：该种在江西齐云山国家级自然保护区一年 1 代，以蛹越冬。成虫期 5~7 月。

观蝶月份：5、6、7。

分　　布：中国分布于台湾、海南、广东、福建、浙江、江西、四川、陕西等地。不丹、越南、缅甸、印度等国也有分布。

本区分布：桶江、下十八垒、鸡公坝。

DNA 条形码：GenBank Accession：KM287704。

蔼菲蛱蝶 *Phaedyma aspasia* Leech, 1890

蛱蝶科（Nymphalidae）菲蛱蝶属（*Phaedyma*）

形态特征：成虫翅展 50~60mm。翅表黑色，斑纹淡黄色。前翅中室纵带无缺刻，中带 m_3 室斑纹特长，向内侧沿伸与中室纵带相接；后翅中带和亚外缘带明显。翅反面铜褐色，斑纹白色，前翅亚外缘线蓝褐色，后翅亚外缘带纹内侧镶有蓝色边；两带之间有蓝色线。

寄主植物：未知

习　　性：该种在江西齐云山国家级自然保护区一年 1 代，以蛹越冬。成虫期 5~7 月。

观蝶月份：5、6、7。

分　　布：中国分布于江西、四川、浙江、福建、广东、海南、云南等地。

本区分布：桶江、下十八垒。

DNA 条形码：GenBank Accession: KM287764。

正面

反面

阿环蛱蝶 *Neptis ananta* Moore, 1857

蛱蝶科（Nymphalidae）环蛱蝶属（*Neptis*）

形态特征：成虫翅展 60~65mm。雄蝶翅正面黑色，斑纹黄色；前翅中室条与室侧条愈合不完整，前缘愈合处有缺刻，上外带 r_5 室斑的侧下角有 1 个长的尖尾突；后翅中带与外带约等宽。雌蝶前翅反面的中带与中线在 $sc+r_1$ 室相距很近，缘毛黑白对比不显著；后翅反面基带宽大，无亚基条。

寄主植物：樟科（Lauraceae）润楠（*Machilus pingii*）、樟（*Cinnamomum camphora*）、乌药（*Lindera aggregata*）等植物。

习　　性：该种在江西齐云山国家级自然保护区一年 1 代，以幼虫越冬。成虫期 5~7 月。

观蝶月份：5、6、7。

分　　布：中国广泛分布于华东、中南、华南、西南等地。印度、缅甸、马来西亚等国也有分布。

本区分布：鸡公坝。

DNA 条形码：GenBank Accession：MT283565.1。

断环蛱蝶 *Neptis sankara* (Kollar, 1844)

蛱蝶科（Nymphalidae）环蛱蝶属（*Neptis*）

形态特征：成虫翅展 60~70mm。本种有黄白两种型，斑纹差异不大。前翅正面中室条与室侧条在愈合处有一深的缺刻，反面的缺刻浅。前翅上外带 m_2 室内有斑点，m_1、cu_1 室斑距翅基部等距。

寄主植物：蔷薇科（Rosaceae）枇杷（*Eriobotrya japonica*）、桃（*Amygdalus persica*）等植物。

习　　性：该种在江西齐云山国家级自然保护区一年 2 代，以幼虫越冬。成虫期分别在 5~6 月、8~10 月。

观蝶月份：5、6、8、9、10。

分　　布：中国分布于陕西、河南、四川、云南、浙江、福建、江西、广西等地。印度、巴基斯坦、缅甸、马来西亚等国也有分布。

本区分布：鸡公坝。

DNA 条形码：GenBank Accession：KX900565。

珂环蛱蝶 *Neptis clinia* Moore, 1872

蛱蝶科（Nymphalidae）环蛱蝶属（*Neptis*）

形态特征： 成虫翅展 50~55mm。翅正面黑色，斑纹乳白色。前翅缘毛在 r_4、r_5 室暗褐色，下外带 cu_1 室至 m_3 室及上外带 m_1 室斑的内缘不在一直线上。中室条与室侧条相距很近，上外带 r_2、r_4、r_5、m_1 室白斑的外缘连接，弧形弯曲。后翅中带幅宽一致。

寄主植物： 梧桐科（Sterculiaceae）假苹婆（*Sterculia lanceolata*）等植物。

习　　性： 该种在江西齐云山国家级自然保护区一年多代，以幼虫越冬。成长期 4~11 月。

观蝶月份： 4、5、6、7、8、9、10、11。

分　　布： 中国分布于四川、西藏、云南、江西、海南、福建、浙江等地。印度、缅甸、越南、马来西亚等国也有分布。

本区分布： 下十八垒。

DNA 条形码： GenBank Accession：KM207095。

156

小环蛱蝶 *Neptis sappho* (Pallas, 1771)

蛱蝶科（Nymphalidae）环蛱蝶属（*Neptis*）

形态特征： 成虫翅展 48-52mm。翅正面黑色，斑纹白色。前翅中室条近端部被暗色线切断；后翅中带约等宽，外侧带被深色翅脉隔开；触角末端颜色淡。翅反面棕红色，白色斑纹外缘无黑色外围线。

寄主植物： 豆科（Leguminosae）胡枝子（*Lespedeza bicolor*）、槐（*Sophora japonica*）等植物。

习　　性： 该种在江西齐云山国家级自然保护区一年 1~2 代，以老熟幼虫越冬。成虫期 4~8 月。

观蝶月份： 4、5、6、7、8。

分　　布： 中国广泛分布于陕西、河南、江西、四川、台湾、云南等地。日本、朝鲜、印度、巴基斯坦等国也有分布。

本区分布： 上十八垒、下十八垒、桶江、鸡公坝、三角潭。

DNA 条形码： GenBank Accession：MN140189。

中环蛱蝶 *Neptis hylas* (Linnaeus, 1758)

蛱蝶科（Nymphalidae）环蛱蝶属（*Neptis*）

正面

反面

形态特征：成虫翅展 50~60mm。与小环蛱蝶相近似，前翅正面中室条近端部也有深色横线，但翅的反面棕黄色，后翅中带及外带等白斑纹具有深色的外围线。

寄主植物：豆科（Leguminosae）葛（*Pueraria lobata*）、波叶山蚂蝗（*Desmodium sequax*）等植物。

习　　性：该种在江西齐云山国家级自然保护区一年多代，以成虫越冬。成虫期 5~11 月。

观蝶月份：5、6、7、8、9、10、11。

分　　布：中国分布于广东、海南、广西、台湾、云南、陕西、河南、四川等地。印度、缅甸、越南、马来西亚、印度尼西亚等国也有分布。

本区分布：桶江、三角潭、鸡公坝、上十八垒、下十八垒。

DNA 条形码：GenBank Accession：MH019975。

耶环蛱蝶 *Neptis yerburii* Butler, 1886

蛱蝶科（Nymphalidae）环蛱蝶属（*Neptis*）

形态特征： 成虫翅展 45~50mm。与小环蛱蝶近似，但前翅中室条内无深色横线；后翅缘毛白色斑所占比例较小，中带幅宽一致，外侧带内缘近直线状。

寄主植物： 榆科（Ulmaceae）朴树（*Celtis sinensis*）等朴属（*Celtis*）植物。

习　　性： 该种在江西齐云山国家级自然保护区一年多代，以幼虫越冬。成虫期 4~10 月。

观蝶月份： 4、5、6、7、8、9、10。

分　　布： 该种属于广布种，中国广泛分布于多地。

本区分布： 桶江、鸡公坝、上十八垒。

DNA 条形码： GenBank Accession：MT283567.1。

娑环蛱蝶 *Neptis soma* Moore, 1858

蛱蝶科（Nymphalidae）环蛱蝶属（*Neptis*）

形态特征： 成虫翅展 55~60mm。翅正面黑褐色，斑纹白色。前翅中室条斑近端部被暗色切断；后翅中带较宽；翅反面深棕色，白斑外缘无深色外围线。

寄主植物： 豆科（Leguminosae）美丽崖豆藤（*Millettia speciosa*）、葛（*Pueraria lobata*）、香花崖豆藤（*Millettia dielsiana*），蔷薇科（Rosaceae）山莓（*Rubus corchorifolius*）等植物。

习　性： 该种在江西齐云山国家级自然保护区一年多代，以幼虫越冬。成虫期 4~11 月。

观蝶月份： 4、5、6、7、8、9、10、11。

分　布： 中国广泛分布于多地。印度、马来西亚、缅甸等国也有分布。

本区分布： 桶江、三角潭、上十八垒、下十八垒、鸡公坝。

DNA 条形码： GenBank Accession：KX119166。

玛环蛱蝶 *Neptis manasa* Moore, 1857

蛱蝶科（Nymphalidae）环蛱蝶属（*Neptis*）

形态特征：成虫翅展 65~80mm。翅正面黑色，斑纹黄色。前翅正面具有"曲棍球杆"状的斑纹；后翅中带宽。前翅反面上外带 r_3 室斑的外半部及 m_1 室斑不明显，仅为淡色斑纹；后翅反面中带、外侧带显著，中线银灰色，完整。

寄主植物：桦木科（Betulaceae）雷公鹅耳枥（*Carpinus viminea*）等植物。

习　　性：该种在江西齐云山国家级自然保护区一年 1 代，以老龄幼虫越冬。成虫期 5~7 月。

观蝶月份：5、6、7。

分　　布：中国分布于湖北、江西、云南、广西、福建、浙江、广东等地。印度、越南、泰国等国也有分布。

本区分布：鸡公坝、上十八垒。

DNA 条形码：GenBank Accession：MT291811.1。

正面

反面

啡环蛱蝶 *Neptis philyra* Ménétriès, 1859

蛱蝶科（Nymphalidae）环蛱蝶属（*Neptis*）

形态特征： 成虫翅展 60~70mm。与断环蛱蝶相近，翅正面黑色，斑纹黄白色。前翅中室条与室侧条愈合完整，并与下外带 m_3、cu_1 室斑构成一置于翅中部的曲棍球杆状的斑纹。前翅反面中室端部上侧有 1 个白点，无亚前缘斑。

寄主植物： 蔷薇科（Rosaceae）枇杷（*Eriobotrya japonica*）、桃（*Amygdalus persica*）等植物。

习　　性： 该种在江西齐云山国家级自然保护区一年 2 代，以幼虫越冬。成虫期分别在 5~6 月、8~10 月。

观蝶月份： 5、6、8、9、10。

分　　布： 中国广泛分布于黑龙江、台湾、浙江、云南、河南、陕西等地。日本、朝鲜、俄罗斯等国也有分布。

本区分布： 鸡公坝、下十八垒、桶江。

DNA 条形码： GenBank Accession：KF590552。

卡环蛱蝶　*Neptis cartica* Moore, 1872

蛱蝶科（Nymphalidae）环蛱蝶属（*Neptis*）

形态特征：成虫翅展 50~55mm。翅正面黑褐色，斑纹乳白色。中室内白带不完全断裂，其外有 1 个小的和 2 个大的共 3 个白斑，后翅基部反面只有 1 条白带。

寄主植物：壳斗科（Fagaceae）黧蒴锥（*Castanopsis fissa*）等植物。

习　　性：该种在江西齐云山国家级自然保护区一年多代，以幼虫越冬。成虫期 5~11 月。

观蝶月份：5、6、7、8、9、10、11。

分　　布：中国分布于长江以南各地。

本区分布：下十八垒。

DNA 条形码：GenBank Accession：MT283589.1。

正面

反面

弥环蛱蝶 *Neptis miah* Moore, 1857

蛱蝶科（Nymphalidae）环蛱蝶属（*Neptis*）

形态特征： 成虫翅展 45~56mm。翅正面黑色，斑纹黄色。前翅中室条与室侧条愈合，前缘愈合处有缺刻；后翅中带比外侧带稍宽。后翅反面中线靠近中带一侧，与外带间隔远，中线的中后部分细、模糊。

寄主植物： 豆科（Leguminosae）龙须藤（*Bauhinia championii*）等植物。

习　　性： 该种在江西齐云山国家级自然保护区一年多代。以幼虫越冬。成虫期 5~7 月。

观蝶月份： 5、6、7。

分　　布： 中国分布于四川、海南、福建、江西、湖南、广西、浙江等地。印度、不丹、马来西亚、印度尼西亚等国也有分布。

本区分布： 桶江、鸡公坝、上十八垒、下十八垒。

DNA 条形码： GenBank Accession：KX405010。

链环蛱蝶 *Neptis pryeri* Butler, 1871

蛱蝶科（Nymphalidae）环蛱蝶属（*Neptis*）

形态特征：成虫翅展 50~55mm。翅表黑褐色，斑纹白色。前翅中室纵条带断裂成 5 段，中带弯曲与后翅中带相连，亚外缘带不完整；后翅中带直立，亚外缘带完整。翅反面茶褐色，后翅中带外侧有黑边，翅基灰白色，具有数个黑星点。

寄主植物：蔷薇科（Rosaceae）李叶绣线菊（*Spiraea prunifolia*）、粉花绣线菊（*Spiraea japonica*）等植物。

习　　性：该种在江西齐云山国家级自然保护区一年多代，以幼虫越冬。成虫期 5~10 月。

观蝶月份：5、6、7、8、9、10。

分　　布：中国分布于江西、黑龙江、河南、陕西、湖北、浙江、福建、广东、台湾等地。在朝鲜、日本等国也有分布。

本区分布：桶江、下十八垒。

DNA 条形码：GenBank Accession：KF523812。

正面

反面

网丝蛱蝶 *Cyrestis thyodamas* Boisduval, 1836

蛱蝶科（Nymphalidae）丝蛱蝶属（*Cyrestis*）

正面

反面

形态特征： 成虫翅展 50~55mm。翅白色或淡黄色，脉纹褐色清晰，翅上的线条和斑纹均由黑褐色与赭色或黄色等混合所形成，两翅不少条纹从前翅前缘横穿后翅，直达臀缘，与翅脉相交形成网纹。前翅顶角尖锐，后角有 1 个赭色杂以绿黄色似花束的斑，后翅臀角有 2 个似前翅后角的花纹。

寄主植物： 桑科（Moraceae）薜荔（*Ficus pumila*）、琴叶榕（*Ficus pandurata*）、变叶榕（*Ficus variolosa*）等植物。

习　　性： 该种在江西齐云山国家级自然保护区一年多代，以成虫越冬。成虫活动期在 4~11 月均有发生，其中，盛发期 6~8 月。

观蝶月份： 6、7、8。

分　　布： 该种属广布种，中国广泛分布于四川、西藏、云南、浙江、江西、广东、广西、海南、台湾等地。日本、印度、尼泊尔、泰国、缅甸、越南、马来西亚、印度尼西亚等国也有分布。

本区分布： 桶江、上十八垒、下十八垒、鸡公坝。

DNA 条形码： GenBank Accession：AB855827。

琉璃蛱蝶 *Kaniska canace* (Linnaeus, 1763)

蛱蝶科（Nymphalidae）琉璃蛱蝶属（*Kaniska*）

形态特征： 成虫翅展 56~67mm。前翅外缘自顶角至 M_1 脉端突出，Cu_2 脉端至后角突出，两者间凹入，呈波状圆弧形；翅正面黑褐色，亚顶端部有 1 个白斑；两翅外中区贯穿 1 条蓝色宽带，带在前翅呈"丫"状，在后翅有 1 列黑点。后翅外缘 M_3 脉端突出呈齿状。翅反面基半部黑褐色，端半部褐色，后翅中室有 1 个白点。

寄主植物： 百合科（Liliaceae）菝葜（*Smilax china*）、圆锥菝葜（*Smilax bracteata*）等植物。

习　　性： 该种在江西齐云山国家级自然保护区一年多代，以成虫越冬。成虫期 1~12 月，其中，盛发期集中在 5~8 月。

观蝶月份： 5、6、7、8。

分　　布： 该种属于广布种，中国广泛分布于各地。朝鲜、日本、印度、阿富汗、缅甸、泰国、越南、朝鲜、日本、马来西亚、印度尼西亚、菲律宾等国也有分布。

本区分布： 下十八垒。

DNA 条形码： GenBank Accession：KF226506。

正面

反面

黄钩蛱蝶 *Polygonia c-aureum* (Linnaeus, 1758)

蛱蝶科（Nymphalidae）钩蛱蝶属（*Polygonia*）

正面

反面

形态特征： 成虫翅展 50~61mm。春秋二型，颜色有差异。前翅中室内有 3 个黑斑；前翅后角和后翅 m_2、cu_1、cu_2 室外端的黑斑上有蓝色鳞片；后翅中室基部有 1 个黑点。

寄主植物： 桑科（Moraceae）葎草（*Humulus scandens*）等植物。

习　　性： 该种在江西齐云山国家级自然保护区一年多代，以成虫越冬。成虫期几乎常年可见，盛发期一般在 5~8 月。

观蝶月份： 5、6、7、8。

分　　布： 该种为广布种，中国广泛分布于除西藏之外的各地区。朝鲜、蒙古、日本、越南、俄罗斯等国也有分布。

本区分布： 三角潭、桶江。

DNA 条形码： GenBank Accession：GU696016。

散纹盛蛱蝶 *Symbrenthia liaea* (Hewitson, 1864)

蛱蝶科（Nymphalidae）盛蛱蝶属（*Symbrenthia*）

形态特征：成虫翅展 45~51mm。前翅顶角有 1 个小红斑，前外斜带和后外斜带常有中断。前翅反面自亚顶端斜向后缘中央有棕褐色带，后翅反面自前缘中央分叉伸向臀缘 1 粗 1 细横带，还有不规则的波状线，M_3 脉有尾突。翅反面为橙黄色。

寄主植物：荨麻科（Urticaceae）雾水葛（*Pouzolzia zeylanica*）、苎麻（*Boehmeria nivea*）等植物。

习　　性：该种在江西齐云山国家级自然保护区一年多代，以成虫越冬。成虫几乎全年可见，其中，盛发期一般在 5~8 月。

观蝶月份：5、6、7、8。

分　　布：中国分布于江西、福建、广西、云南、台湾等南方地区。印度、越南、菲律宾、印度尼西亚等国也有分布。

本区分布：桶江、鸡公坝、三角潭、上十八垒。

DNA 条形码：GenBank Accession：KP644228。

正面

反面

枯叶蛱蝶 *Kallima inachus* (Doyère, 1840)

蛱蝶科（Nymphalidae）枯叶蛱蝶属（*Kallima*）

正面

反面

形态特征： 成虫翅展 70~82mm。翅褐色或紫褐色，有藏青色光泽。前翅顶角尖锐，斜向外上方，中域有 1 条宽阔的橙黄色斜带，亚顶部和中域各有 1 个白点；后翅 1A+2A 脉伸长成尾状。两翅亚缘各有 1 条深色波线。翅反面呈枯叶色，静息时从前翅顶角到后翅臀角处有 1 条深褐色的横线，加上几条斜线，酷似叶脉，是蝶类中的拟态典型。

寄主植物： 爵床科（Acanthaceae）板蓝（*Baphicacanthus cusia*）、水蓑衣（*Hygrophila salicifolia* var. *salicifolia*）等植物。

习　　性： 该种在江西齐云山国家级自然保护区一年多代，以成虫越冬。成虫期 5~9 月。

观蝶月份： 5、6、7、8、9。

分　　布： 中国分布于陕西、四川、江西、湖南、浙江、福建、台湾、广东、海南、广西、云南、西藏等地。日本、越南、缅甸、泰国、印度等国也有分布。

本区分布： 鸡公坝。

DNA 条形码： GenBank Accession：KC158405。

幻紫斑蛱蝶 *Hypolimnas bolina* (Linnaeus, 1758)

蛱蝶科（Nymphalidae）斑蛱蝶属（*Hypolimnas*）

形态特征： 成虫翅展 70~85mm。躯体黑褐色，腹侧有许多白点，腹面中央亦常有 1 条白色带纹。前翅近三角形，翅端呈圆弧形，前缘呈弧形，外缘中段略凹入；后翅近圆形，外缘略呈锯齿状。翅反面底色黑褐色，前翅反面外侧有一蓝紫色长斑，内有模糊白纹，亚外缘或有白斑列排成"S"形。后翅反面中央有 1 个蓝紫色圆斑，内亦有模糊白纹，亚外缘或有齿状白斑列，内则有白点列，比前翅的大而整齐。

寄主植物： 旋花科（Convolvulaceae）番薯（*Ipomoea batatas*）等植物。

习　　性： 该种在江西齐云山国家级自然保护区一年多代，主要以成虫越冬，也有以蛹越冬。成虫活动期在 4~11 月均有发生，其中，盛发期 8~10 月。

观蝶月份： 8、9、10。

分　　布： 中国分布于江西、福建、广东、广西等地区。

本区分布： 桶江、三角潭、上十八垒。

DNA 条形码： GenBank Accession：AB013168.1。

171

金斑蛱蝶 *Hypolimnas misippus* (Linnaeus, 1764)

蛱蝶科（Nymphalidae）斑蛱蝶属（*Hypolimnas*）

形态特征： 成虫翅展 65~70mm。雌蝶以幕拟金斑蝶而闻名，雄蝶翅黑褐色，前翅中室外有 1 个长椭圆形白斑，顶角附近有 1 个小白斑；后翅中域有 1 个大白斑；前后翅的白斑都有紫色光泽。雌蝶翅橙黄色，顶角有 1 个较小的白斑，中室外侧有 1 列宽的白色斜带；后翅外缘黑褐色，前缘有 1 个黑斑。

寄主植物： 马齿苋科（Portulacaceae）马齿苋（*Portulaca oleracea*），车前草科（Plantaginacea）车前（*Plantago asiatica*）等植物。

习　　性： 该种在江西齐云山国家级自然保护区一年多代，以成虫越冬。成虫活动期在 4~11 月均有发生，其中，盛发期 6~8 月。

观蝶月份： 6、7、8。

分　　布： 该种属于广布种，中国广泛分布于陕西、浙江、福建、云南、广东、台湾等地。日本、印度、缅甸、澳大利亚（北部）及非洲、南美洲等地也有分布。

本区分布： 桶江、三角潭、上十八垒、鸡公坝。

DNA 条形码： GenBank Accession：MW872055.1。

大红蛱蝶 *Vanessa indica* (Herbst, 1794)

蛱蝶科（Nymphalidae）红蛱蝶属（*Vanessa*）

形态特征：成虫翅展 56~62mm。翅黑褐色，外缘波状。前翅 M_1 脉外伸成角状，翅顶角有几个白色小点，亚顶角斜列有 4 个白斑，中央有 1 条宽的红色不规则斜带；后翅暗褐色，外缘红色，内有 1 列黑色斑，其内侧还有 1 列黑色斑列。前翅反面除顶角茶褐色外，前缘中部有蓝色细横线；后翅反面有茶褐色的云状斑纹，外缘有 4 枚模糊的眼斑。

寄主植物：荨麻科（Urticaceae）苎麻（*Boehmeria nivea*）等植物。

习　　性：该种在江西齐云山国家级自然保护区一年 4~5 代，有一定的世代重叠现象，以成虫越冬。成虫期几乎常年可见，盛发期主要集中在每年的 5~8 月。

观蝶月份：5、6、7、8。

分　　布：该种属于广布种，中国广泛分布于各地。亚洲（东部）、欧洲、非洲（西北部）等地也有分布。

本区分布：桶江、鸡公坝。

DNA 条形码：GenBank Accession：KC158468。

正面

反面

美眼蛱蝶 *Junonia almana* (Linnaeus, 1758)

蛱蝶科（Nymphalidae）眼蛱蝶属（*Junonia*）

正面

反面

形态特征： 成虫翅展 55~62mm。翅正面橙红色，反面橙黄色。前后翅外缘各有 3 条黑褐色波状线，翅正面各有 1 大 1 小两眼状纹：前翅下方 1 个大的眼状纹，上方 1 个小的眼状纹；后翅上方 1 个跨两室大斑，下 1 个很小，雌蝶则呈小的线圈。翅反面各眼状纹大小差别不太显著，雌雄的后翅下方皆为眼状纹。

寄主植物： 爵床科（Acanthaceae）爵床（*Rostellularia procumbens*）、水蓑衣（*Hygrophila salicifolia* var. *salicifolia*）等植物。

习　　性： 该种在江西齐云山国家级自然保护区一年多代，以成虫越冬。成虫几乎全年可见，其中，盛发期 5~8 月。

观蝶月份： 5、6、7、8。

分　　布： 该种是广布种，中国广泛分布于河北、河南、陕西、西藏、云南、四川、湖北、湖南、江苏、浙江、福建、江西、广东、广西、海南、香港、台湾等地。日本、巴基斯坦、斯里兰卡、印度、尼泊尔、不丹、孟加拉国、缅甸、泰国、老挝、越南、柬埔寨、印度尼西亚、马来西亚、新加坡等国也有分布。

本区分布： 下十八垒、下十八垒、桶江、三角潭、鸡公坝。

DNA 条形码： GenBank Accession：HQ990340。

翠蓝眼蛱蝶 *Junonia orithya* (Linnaeus, 1758)

蛱蝶科（Nymphalidae）眼蛱蝶属（*Junonia*）

形态特征： 成虫翅展 45~51mm。雄蝶前翅基部藏青色，后翅蓝色；前翅前端有白色斜带，前后翅各有 2 个眼状斑，外缘灰黄色。雌蝶翅基部深褐色，唯眼状斑比雄蝶大而醒目。本种季节型明显。秋型前翅 M_1 脉尖突，反面色深，后翅深灰褐色，斑纹模糊。

寄主植物： 爵床科（Acanthaceae）爵床（*Rostellularia procumbens*），马鞭草科（Verbenaceae）马鞭草（*Verbena officinalis*）等植物。

习　　性： 该种在江西齐云山国家级自然保护区一年多代，以成虫越冬。成虫几乎全年可见，盛发期主要集中在 5~9 月。

观蝶月份： 5、6、7、8、9。

分　　布： 该种属于广布种，中国广泛分布于陕西、河南、江西、湖北、湖南、浙江、云南、广西、广东、香港、福建、台湾等地。日本、印度、斯里兰卡、尼泊尔、不丹、缅甸、泰国、老挝、越南、柬埔寨、马来西亚、印度尼西亚、澳大利亚、菲律宾等国也有分布。

本区分布： 鸡公坝、三角潭。

DNA 条形码： GenBank Accession：KF226505。

正面

反面

钩翅眼蛱蝶 *Junonia iphita* (Cramer, 1779)

蛱蝶科（Nymphalidae）眼蛱蝶属（*Junonia*）

正面

反面

形态特征：成虫翅展 55~61mm。翅深褐色，斑纹黑褐色。外缘有 3 条波状线，中域自前翅前缘中部至后翅臀角有 1 条横带，其外侧有 1 列眼点，前翅的退化，后翅的尚可辨认。前翅 M_1 脉尖出呈鸟喙状，后翅臀角突出似尾突。反面颜色较深，斑纹清楚。

寄主植物：爵床科（Acanthaceae）板蓝（*Baphicacanthus cusia*）、水蓑衣（*Hygrophila salicifolia* var. *salicifolia*）等植物。

习　　性：该种在江西齐云山国家级自然保护区一年多代，以成虫越冬。成虫几乎全年可见，盛发期主要集中在 7~10 月。

观蝶月份：7、8、9、10。

分　　布：中国广泛分布于江苏、浙江、湖南、江西、四川、西藏、广西、广东、海南、台湾等地。斯里兰卡、印度、尼泊尔、不丹、孟加拉国、缅甸、泰国、马来西亚、越南、印度尼西亚等国也有分布。

本区分布：三角潭、桶江、上十八垒。

DNA 条形码：GenBank Accession：KF226501。

傲白蛱蝶 *Helcyra superba* Leech, 1890

蛱蝶科（Nymphalidae）白蛱蝶属（*Helcyra*）

形态特征： 成虫翅展 69~85mm。翅白色，前翅自前缘 1/2 处开始斜向臀角处以外部分为黑色，其黑色部分于顶角附近有 2 个白斑，中室端横脉处有黑褐斑，有的中间断开。后翅外缘有 1 行锯齿状黑褐斑纹，中外区有弯曲的黑褐色斑列，其斑的大小不一。翅反面银白色，正面的斑纹较透明。

寄主植物： 榆科（Ulmaceae）朴树（*Celtis sinensis*）、紫弹树（*Celtis biondii*）等植物。

习　　性： 该种在江西齐云山国家级自然保护区一年 1 代，以 3 龄幼虫在寄主植物上越冬。成虫期 6~9 月。

观蝶月份： 6、7、8、9。

分　　布： 中国分布于广东、福建、台湾、四川、浙江、江西、陕西等地。

本区分布： 桶江、三角潭、鸡公坝。

DNA 条形码： GenBank Accession：EF534098。

正面

反面

银白蛱蝶 *Helcyra subalba* (Poujade, 1885)

蛱蝶科（Nymphalidae）白蛱蝶属（*Helcyra*）

形态特征：成虫翅展 51~65mm。体翅背面茶褐色，前翅中室横脉内有 1 个近长方形深褐色区，在其上下方各有 2 个白斑；后翅近前缘中部亦有 2 个小白斑。反面除和正面相同的白斑外，前翅后缘近后角处有 1 个淡褐色斑纹，足、胸、腹、翅皆银白色。

寄主植物：榆科（Ulmaceae）朴树（*Celtis sinensis*）、紫弹树（*Celtis biondii*）等植物。

习　　性：该种在江西齐云山国家级自然保护区一年 1 代，以幼虫在寄主枝条近端部处越冬。成虫期 6~8 月。

观蝶月份：6、7、8。

分　　布：中国分布于广东、陕西、河南、浙江、四川、福建、江苏等地。

本区分布：鸡公坝。

DNA 条形码：GenBank Accession: DQ784701.1。

素饰蛱蝶 *Stibochiona nicea* (Gray, 1846)

蛱蝶科（Nymphalidae）饰蛱蝶属（*Stibochiona*）

形态特征： 成虫翅展 55~65mm。翅正面黑色，反面棕褐色。前翅外缘有 1 列整齐的小白斑，其中 2a 室有 2 个，亚外缘有 1 列小白点，上述 2 列白点间有 1 条蓝色线。中室内有 3 条蓝白色短线，中室外侧也有数个小白点。后翅外缘有 1 列白斑，白斑内侧有 1 列黑点和蓝色带。反面斑点同正面，且更清晰。

寄主植物： 荨麻科（Urticaceae）紫麻（*Oreocnide frutescens*）。

习　　性： 该种在江西齐云山国家级自然保护区一年多代，世代重叠现象严重，以蛹越冬。成虫期 4~11 月。

观蝶月份： 4、5、6、7、8、9、10、11。

分　　布： 中国分布于云南、浙江、江西、福建、广东、广西、海南、四川、西藏等地。印度、尼泊尔、不丹、缅甸、越南、马来西亚等国也有分布。

本区分布： 上十八垒、桶江。

DNA 条形码： GenBank Accession: MK317929。

正面

反面

电蛱蝶 *Dichorragia nesimachus* (Doyère, 1840)

蛱蝶科（Nymphalidae）电蛱蝶属（*Dichorragia*）

正面

反面

形态特征：成虫翅展 61~82mm。翅正面深蓝色，有光泽，前翅外缘有 1 列小白点，亚外缘线和外横线由相互套叠的"<"纹构成，中横带的白纹上方有长方形 4 个，下方有 4 个白色点，中室有蓝白纹。后翅外缘有 1 列白点，翅内侧还布有星点状蓝白色点。翅反面黑色，斑纹和翅正面相同。

寄主植物：清风藤科（Sabiaceae）笔罗子（*Meliosma rigida*）、红柴枝（*Meliosma oldhamii*）、多花泡花树（*Meliosma myriantha*）等植物。

习　　性：该种在江西齐云山国家级自然保护区一年 1 代，以蛹越冬。成虫期 5~8 月。

观蝶月份：5、6、7、8。

分　　布：中国分布于陕西、江西、湖南、浙江、福建、四川、云南、海南、台湾等地。日本、朝鲜、缅甸、不丹、越南、印度等国也有分布。

本区分布：下十八垒、上十八垒、桶江。

DNA 条形码：GenBank Accession：MN131987.1。

黄帅蛱蝶 *Sephisa princeps* (Fixsen, 1887)

蛱蝶科（Nymphalidae）帅蛱蝶属（*Sephisa*）

形态特征：成虫翅展 65~72mm。翅黑色，前翅亚外缘有 1 列黄斑，中带由 1 列黄斑组成，其中 cu_1 室较大，内有 1 个黑色圆斑，中室内有 2 个橙黄色斑。后翅亚外缘有 1 列方形黄斑，翅内半部分的黄斑相连，cu_2 室有 1 个黄色长纹。后翅反面斑纹色较浅，外缘有 1 列小白斑，中室的斑纹较大，上有 3 个黑纹。

寄主植物：壳斗科（Fagaceae）青冈（*Cyclobalanopsis glauca*）、多脉青冈（*Cyclobalanopsis multinervis*）等植物。

习　　性：该种在江西齐云山国家级自然保护区一年 1 代，以幼虫越冬。成虫期 5~7 月。

观蝶月份：5、6、7。

分　　布：中国分布于江西、黑龙江、甘肃、河南、陕西、四川、浙江、福建等地。国外未见相关报道。

本区分布：上十八垒、下十八垒。

DNA 条形码：GenBank Accession：GU372521。

正面

反面

帅蛱蝶 *Sephisa chandra* (Moore, 1857)

蛱蝶科（Nymphalidae）帅蛱蝶属（*Sephisa*）

形态特征： 成虫翅展 65~75mm。两翅正面黑褐色，中间有橙黄色斑纹；两翅反面黑褐色，并散布有多数橙黄斑。雄蝶翅正面黑色，前翅外缘凹陷，中域有 5 个白斑组成斜带，其上方有 2 个白点，亚中域有 4 个橙斑组成弧形带，亚外缘有 1 列隐约可见的灰白色斑。后翅中域至基部有宽阔的橙黄色斑列，中室的橙黄色内有 2 个黑点，亚外缘有 1 列黄斑。

寄主植物： 壳斗科（Fagaceae）青冈（*Cyclobalanopsis glauca*）、多脉青冈（*Cyclobalanopsis multinervis*）等植物。

习　　性： 该种在江西齐云山国家级自然保护区一年 1 代，以幼虫越冬。成虫期 5~7 月。

观蝶月份： 5、6、7。

分　　布： 该种属于广布种，中国广泛分布于各地。印度、缅甸、泰国等国也有分布。

本区分布： 桶江、上十八垒、下十八垒、鸡公坝。

DNA 条形码： GenBank Accession：EF534084.1。

柳紫闪蛱蝶　*Apatura ilia* (Denis et Schiffermüller, 1775)

蛱蝶科（Nymphalidae）闪蛱蝶属（*Apatura*）

形态特征：成虫翅展 60~70mm。飞行迅速，翅面黄褐色或黑褐色，具有强烈的紫色闪光，前翅中室有 4 个呈方形排列的小黑斑。雄蝶前后翅 cu_1 室各有 1 个橙色黑瞳眼斑，翅反面棕褐色，中室黑点比 cu_1 室眼斑更明显。

寄主植物：杨柳科（Salicaceae）旱柳（*Salix matsudana*）、垂柳（*Salix babylonica*）等植物。

习　　性：该种在江西齐云山国家级自然保护区一年 2~3 代，以低龄幼虫越冬。成虫期 4~10 月。

观蝶月份：4、5、6、7、8、9、10。

分　　布：该种属于广布种，中国广泛分布于华北、东北、西南和华南地区。欧洲、东北亚等地也有分布。

本区分布：下十八垒、鸡公坝。

DNA 条形码：GenBank Accession：MW502380.1。

黑脉蛱蝶 *Hestina assimilis* (Linnaeus, 1758)

蛱蝶科（Nymphalidae）脉蛱蝶属（*Hestina*）

正面

反面

形态特征：成虫翅展 72~92mm。翅面淡灰绿色。翅脉黑褐色，布满青白色斑纹。后翅外缘有淡黑色月牙斑，后翅亚外缘后半部有 4~5 个红色斑纹，有些红斑内有黑点；外缘后半部微向内凹，雄蝶尤为明显。

寄主植物：榆科（Ulmaceae）朴树（*Celtis sinensis*）、紫弹树（*Celtis biondii*）等植物。

习　　性：该种在江西齐云山国家级自然保护区一年 3~4 代，以 3~4 龄幼虫在地面落叶层内越冬。成虫期 4~11 月。

观蝶月份：4、5、6、7、8、9、10、11。

分　　布：该种是广布种，中国广泛分布于各地。朝鲜、日本、韩国等国也有分布。

本区分布：桶江、三角潭、下十八垒、鸡公坝。

DNA 条形码：GenBank Accession：HM377870.1。

迷蛱蝶 *Mimathyma chevana* (Moore, 1866)

蛱蝶科（Nymphalidae）迷蛱蝶属（*Mimathyma*）

形态特征：成虫翅展 65~77mm。飞行迅速，警觉性高。翅背面有大片银白色花纹。雄蝶正面前翅中室内有 1 个长箭状纹，中室端外有 6 个斑且成弧形排列，后翅中带短而宽；翅反面银灰色。

寄主植物：榆科（Ulmaceae）榉树（*Zelkova serrata*）等植物。

习　　性：该种在江西齐云山国家级自然保护区一年 1 代，以幼虫越冬。成虫期 7~10 月。

观蝶月份：7、8、9、10。

分　　布：该种属于广布种，中国广泛分布于河南、陕西、湖北、四川、江西、浙江、福建、云南等地。

本区分布：鸡公坝。

DNA 条形码：GenBank Accession：EF534086.1。

正面

反面

白带螯蛱蝶 *Charaxes bernardus* (Fabricius, 1793)

蛱蝶科（Nymphalidae）螯蛱蝶属（*Charaxes*）

形态特征：成虫翅展 79~98mm。触角黑色，复眼紫褐色，喙黄褐色，下唇须腹面被白色鳞毛。翅正面呈红褐色或黄褐色，反面以棕褐色为主。雌蝶前翅正面白色宽带伸到前缘，外侧多 1 行白色斑点。后翅中域前半部分也有白色宽带，黑色宽带内有白色列，M$_3$脉突出呈棒状。翅反面中线内侧有许多细黑线。雄蝶前翅有很宽的黑色外缘带，中区有白色横带。

寄主植物：樟科（Lauraceae）樟（*Cinnamomum camphora*）、阴香（*Cinnamomum burmanni*）等植物。

习　　性：该种在江西齐云山国家级自然保护区一年2~3代，以高龄幼虫越冬。成虫期 4~10 月。

观蝶月份：4、5、6、7、8、9、10。

分　　布：中国分布于四川、广西、广东、海南、福建、江西、浙江等地。老挝、越南、泰国、缅甸等国也有分布。

本区分布：三角潭、下十八垒、鸡公坝。

DNA 条形码：GenBank Accession: MG892102.1。

二尾蛱蝶 *Polyura narcaea* (Hewitson, 1854)

蛱蝶科（Nymphalidae）尾蛱蝶属（*Polyura*）

形态特征： 成虫翅展 65~75mm。翅绿色，前翅前缘有1条黑色宽带，外缘与亚缘2条黑色宽带平行，其间为淡绿色斑列，中室端脉和 M_3 脉的中段有黑色棒状纹，中室及翅基部为黑色，后翅外缘与亚缘带黑色，其间为淡绿色带，自翅基前缘斜向臀角有1条黑色横带，Cu_2 和 M_3 脉端各有1个尾突，边黑色内蓝色。翅反面青白色，图案同正面，各条纹的颜色为红褐色，两侧镶有银色边；后翅沿外缘另有1列小黑点。

寄主植物： 豆科（Leguminosae）合欢（*Albizzia julibrissin*）、山合欢（*Albizzia kalkora*）等植物。

习　　性： 该种在江西齐云山国家级自然保护区一年3~4代，以蛹越冬。成虫期5~10月。

观蝶月份： 5、6、7、8、9、10。

分　　布： 该种属于广布种，中国广泛分布于河北、山东、山西、河南、陕西、甘肃、湖北、湖南、江苏、浙江、江西、福建、贵州、四川、云南、广西、广东、台湾等地。印度、缅甸、泰国、越南等国也有分布。

本区分布： 下十八垒、上十八垒、鸡公坝、三角潭、桶江。

DNA 条形码： GenBank Accession：AJ507641.1。

正面

反面

大二尾蛱蝶 *Polyura eudamippus* (Doubleday, 1843)

蛱蝶科（Nymphalidae）尾蛱蝶属（*Polyura*）

正面

反面

形态特征：成虫翅展 69~82mm。与二尾蛱蝶近似，但较大；前后翅正面亚外缘有 2 列小白斑；前翅基部和前缘黑带宽，只中室端留 1 个白斑，端外有 2 个白斑；后翅亚外缘带黑褐色，其内有蓝色斑列和三角形白斑列。后翅反面淡棕褐色，斜带后端模糊。

寄主植物：豆科（Leguminosae）合欢（*Albizzia julibrissin*）、山合欢（*Albizzia kalkora*）等植物。

习　　性：该种在江西齐云山国家级自然保护区一年 3~4 代，以蛹越冬。成虫期 5~10 月。

观蝶月份：5、6、7、8、9、10。

分　　布：中国分布于湖北、浙江、江西、福建、四川、广东、海南、广西、贵州、云南、台湾等地。日本、印度、缅甸、泰国、老挝、越南、马来西亚等国也有分布。

本区分布：桶江、鸡公坝、下十八垒。

DNA 条形码：GenBank Accession：KT073628.1。

忘忧尾蛱蝶 *Polyura nepenthes* (Grose-Smith, 1883)

蛱蝶科（Nymphalidae）尾蛱蝶属（*Polyura*）

形态特征： 成虫翅展 75~85mm。翅正面淡黄绿色，前翅边缘黑褐色，亚外缘有 2 列黄白斑，中室端外有 2 个斑。后翅亚外缘有 2 列黑斑，臀角淡黄色，内侧有 2 个黑斑。翅反面中横带外侧有新月形黑斑列，基横带两侧黑边粗，前翅中室内和端脉外各有 2 个黑点。

寄主植物： 豆科（Leguminosae）香花崖豆藤（*Millettia dielsiana*）、黄檀（*Dalbergia hupeana*），鼠李科（Rhamnaceae）翼核果（*Ventilago leiocarpa*）等植物。

习　　性： 该种在江西齐云山国家级自然保护区一年 2~3 代，以蛹越冬。成虫期 4~10 月。

观蝶月份： 4、5、6、7、8、9、10。

分　　布： 中国分布于四川、广西、广东、海南、福建、江西、浙江等地。老挝、越南、泰国、缅甸等国也有分布。

本区分布： 上十八垒、下十八垒、桶江。

DNA 条形码： GenBank Accession：EF534102。

正面

反面

189

大卫绢蛱蝶 *Calinaga davidis* Oberthür, 1879

蛱蝶科（Nymphalidae）绢蛱蝶属（*Calinaga*）

正面

反面

形态特征：成虫翅展 68~76mm。翅形如粉蝶，斑纹如斑蝶。黑褐色翅底上有许多灰白色斑纹。前翅中室内和端部及中室外各有淡黄色横纹，前后翅端部 1/3 淡黑色，其中室有 2 列白色椭圆斑。典型特征是头胸相接处有橙黄色毛绒。

寄主植物：桑科（Moraceae）桑（*Morus alba*）和鸡桑（*Morus australis*）等植物。

习　　性：该种在江西齐云山国家级自然保护区一年 1 代，以蛹越冬。成虫期 4~5 月。

观蝶月份：4、5。

分　　布：中国分布于江西、福建、广西、云南、台湾、西藏、四川、陕西、湖北等地。

本区分布：鸡公坝、三角潭。

DNA 条形码：GenBank Accession：KX233603。

箭环蝶 *Stichophthalma louisa* (Westwood, 1851)

蛱蝶科（Nymphalidae）箭环蝶属（*Stichophthalma*）

形态特征：成虫翅展 100~110mm，雄雌同型。翅正面浓橙色，前翅顶端黑褐色，外缘有 1 条褐色细线，m_1 至 cu_2 室各有 1 个鱼纹斑；后翅鱼纹斑特大而显著。翅反面略带红色，前后翅中央及近基部有 2 条横波状纹，雌蝶在中横纹外有 1 条白带。后翅反面缘室中央各有 5 个红褐色眼斑，围有黑边，中心有白瞳点，外缘有 2 条波状线。

寄主植物：禾本科（Gramineae）竹亚科（Bambusoideae）多种竹类植物。

习　　性：该种在江西齐云山国家级自然保护区一年 1 代，以幼虫越冬。成虫期 5~9 月。

观蝶月份：5、6、7、8、9。

分　　布：中国广泛分布于陕西、浙江、湖北、江西、福建、广东、广西、四川、贵州、云南、台湾等地。越南、老挝、泰国、缅甸、印度等国也有分布。

本区分布：上十八垒、鸡公坝。

DNA 条形码：GenBank Accession：KP247523。

纹环蝶 *Aemona amathusia* (Hewitson, 1867)

蛱蝶科（Nymphalidae）纹环蝶属（*Aemona*）

正面

反面

形态特征：成虫翅展 75~100mm。雄蝶翅正面淡黄色，前翅基部、顶角及外缘色较深，从前翅顶角至后翅臀角横穿 1 条不明显的线纹，后翅有 1 条亚基线和 1 条亚缘线，前、后翅 cu$_1$ 室各具 1 个圆斑。翅反面线纹、圆斑明显。雌蝶翅正面底色棕褐色，斑纹明显，斜横纹外各室有圆斑，前、后翅 cu$_1$ 室圆斑有白色瞳点。

寄主植物：百合科（Liliaceae）马甲菝葜（*Smilax lanceifolia*）等植物。

习　　性：该种在江西齐云山国家级自然保护区一年 2 代，以蛹越冬。成虫期分别在 5~7 月、9~10 月。

观蝶月份：5、6、7、9、10。

分　　布：中国分布于广东、江西、浙江、福建、广西、云南、四川等地。印度、泰国、越南等国也有分布。

本区分布：桶江。

DNA 条形码：GenBank Accession：ON436757.1。

灰翅串珠环蝶 *Faunis aerope* (Leech, 1890)

蛱蝶科（Nymphalidae）串珠环蝶属（*Faunis*）

形态特征：成虫翅展 80~95mm。翅正面浅灰色，翅脉、顶角和前缘、外缘色浓。翅反面灰色较深，两翅有棕褐色波状基线，中线和端线各 1 条，中域有 1 列大小不等的白色圆点；前翅后缘基部有 1 个闪光斑，与后翅前缘一毛丛相印。雌蝶反面圆点更明显。

寄主植物：百合科（Liliaceae）菝葜（*Smilax china*）等植物。

习　　性：该种在江西齐云山国家级自然保护区一年 1 代，以蛹越冬。成虫期 6~8 月。

观蝶月份：6、7、8。

分　　布：中国分布于江西、广西、福建、海南、贵州、湖南、四川、陕西、云南等地。

本区分布：上十八垒。

DNA 条形码：GenBank Accession：KJ805846.1。

睇暮眼蝶 *Melanitis phedima* (Cramer, 1780)

蛱蝶科（Nymphalidae）暮眼蝶属（*Melanitis*）

形态特征： 成虫翅展 60~65mm。与暮眼蝶近似，但前翅正面黑色眼斑的白瞳明显外偏。同样分有眼型和无眼型，本种有眼型翅形较宽大，眼斑较小，底色较深；无眼型斑纹变化较大，但底色较均匀，一般没有清晰的黑色大斑块，中带弯曲较均匀。

寄主植物： 禾本科（Gramineae）稻（*Oryza sativa*）、玉米（*Zea mays*）、棕叶狗尾草（*Setaria palmifolia*）等植物。

习　　性： 该种在江西齐云山国家级自然保护区一年多代，以成虫或者蛹越冬。成虫期几乎常年可见，盛发期主要集中在 4~10 月。

观蝶月份： 4、5、6、7、8、9、10。

分　　布： 中国分布于江西、云南、福建、台湾、广东、广西、海南、西藏等地。在印度、越南、泰国、缅甸等国也有分布。

本区分布： 上十八垒。

DNA 条形码： GenBank Accession：KY354203。

暮眼蝶 *Melanitis leda* (Linnaeus, 1758)

蛱蝶科（Nymphalidae）暮眼蝶属（*Melanitis*）

形态特征： 成虫翅展 70~80mm。有多型现象，其中，主要可分成反面有眼斑型和无眼斑型。有眼型翅正面底色均匀，遍布波状鳞纹；无眼型底色斑驳不均，有清晰的黑色斑块杂于其中。

寄主植物： 禾本科（Gramineae）稻（*Oryza sativa*）、玉米（*Zea mays*）等植物。

习　　性： 该种在江西齐云山国家级自然保护区一年多代，以成虫或者蛹越冬。成虫期几乎常年可见，盛发期主要集中在 4~10 月。

观蝶月份： 4、5、6、7、8、9、10。

分　　布： 该种属于广布种，中国广泛分布于各地。印度、越南、泰国、缅甸等国也有分布。

本区分布： 桶江、三角潭、下十八垒。

DNA 条形码： GenBank Accession：KY354203.1。

白斑眼蝶 *Penthema adelma* (C. et R. Felder, 1862)

蛱蝶科（Nymphalidae）斑眼蝶属（*Penthema*）

正面

反面

形态特征：成虫翅展 82~95mm。翅黑色，前翅正面亚外缘有 2 列小白点，内侧 1 列稍大；前缘中部斜向后角有 1 列大白斑，后 3 个最大，中室端也有 1 个大白斑。后翅正面亚外缘有 1 列白斑。

寄主植物：禾本科（Gramineae）毛竹（*Phyllostachys edulis*）、龟甲竹（*Phyllostachys heterocycla*）、箬竹（*Indocalamus tessellatus*）等竹类植物。

习　　性：该种在江西齐云山国家级自然保护区一年 1~2 代，以滞育状态下的老熟幼虫越冬。成虫期 4~10 月。

观蝶月份：4、5、6、7、8、9、10。

分　　布：中国分布于江西、浙江、北京、陕西、福建、湖北、广西、台湾等地。

本区分布：三角潭、下十八垒、上十八垒、鸡公坝、桶江。

DNA 条形码：GenBank Accession：EF545708。

布莱荫眼蝶 *Neope bremeri* (C. et R. Felder, 1862)

蛱蝶科（Nymphalidae）荫眼蝶属（*Neope*）

形态特征： 成虫翅展 55~66mm。前翅脉纹色浅，同底色，不清晰。翅反面，前翅亚缘眼状斑近圆形，明显，有白色瞳点，不是模糊的黑斑，中室中央棕色横斑内有浅色小斑，波曲的中横线明显。

寄主植物： 禾本科（Gramineae）箬竹（*Indocalamus tessellatus*）、毛竹（*Phyllostachys edulis*）等竹类植物。

习 性： 该种在江西齐云山国家级自然保护区一年多代，世代重叠现象明显，以蛹越冬。成虫期 3~11 月。

观蝶月份： 3、4、5、6、7、8、9、10、11。

分 布： 中国分布于江西、浙江、陕西、四川、西藏、福建、广东、海南、台湾等地区。

本区分布： 下十八垒、下十八垒、鸡公坝、桶江。

DNA 条形码： GenBank Accession: DQ338770。

正面

反面

蒙链荫眼蝶 *Neope muirheadii* (C. et R. Felder, 1862)

蛱蝶科（Nymphalidae）荫眼蝶属（*Neope*）

正面

反面

形态特征：成虫翅展在 65~78mm。翅面黑褐色，前后翅各有 4 个黑斑，雌蝶翅上大而明显，雄蝶翅上不明显。翅反面，从前翅 1/3 处直到后翅臀角有 1 条棕色和白色并行的横带；前翅中室内有 2 条弯曲棕色条斑和 4 个链状的圆斑，亚外缘有 4 个眼状斑，m_2 室的斑小；后翅基部有 3 个小圆环，亚外缘有 7 个眼状斑，臀角处 2 个相连。

寄主植物：禾本科（Gramineae）毛竹（*Phyllostachys edulis*）、龟甲竹（*Phyllostachys heterocycla*）、箬竹（*Indocalamus tessellatus*）等竹类植物。

习　　性：该种在江西齐云山国家级保护区一年 2~3 代，世代重叠现象明显，以蛹越冬。成虫期 4~11 月。

观蝶月份：4、5、6、7、8、9、10、11。

分　　布：中国主要分布在河南、陕西、湖北、四川、浙江、江西、福建、广东、云南、海南和台湾等地。

本区分布：上十八垒、下十八垒、鸡公坝、三角潭、桶江。

DNA 条形码：GenBank Accession：EF545706。

桐木荫眼蝶 *Neope contrasta* Mell, 1923

蛱蝶科（Nymphalidae）荫眼蝶属（*Neope*）

形态特征：成虫翅展 59~65mm。翅黄褐色，斑纹黑色。前翅亚外缘有 3 个眼斑，第 2 个眼斑淡黄白色，前缘端半部有 1 个淡黄色斑。后翅亚外缘有 4~5 个眼斑。翅反面外缘带紫褐色，眼斑列内侧有 1 条模糊灰白色带，后翅基部紫褐色；前翅眼斑 4 个，后翅眼斑 8 个。

寄主植物：禾本科（Gramineae）毛竹（*Phyllostachys edulis*）、龟甲竹（*Phyllostachys heterocycla*）等植物。

习　　性：该种在江西齐云山国家级自然保护区一年 2~3 代，以蛹越冬。成虫期 4~11 月。

观蝶月份：4、5、6、7、8、9、10、11。

分　　布：中国分布于江西、广东、福建、湖南、海南等南方地区。

本区分布：上十八垒、下十八垒、鸡公坝、三角潭。

DNA 条形码：GenBank Accession：无。

正面

反面

古眼蝶 *Palaeonympha opalina* Butler, 1871

蛱蝶科（Nymphalidae）古眼蝶属（*Palaeonympha*）

正面

反面

形态特征： 成虫翅展 48~52mm。翅正面棕黄色，外缘和基半部色浓，两者间色浅，有内外缘线各 1 条，亚外缘线 2 条，均波曲。前翅顶端有 1 个眼斑，中间有 2 个白瞳点；后翅顶端眼斑黑色无瞳点。翅反面有 2 条中横线，前翅眼斑下各室有色斑列；后翅有 3 个眼斑，前 2 个大，各有 2 个瞳点，臀角处 1 个小，在后翅顶角斑的上下及 m$_3$ 室还有隐约淡色的小斑。

寄主植物： 禾本科（Gramineae）淡竹叶（*Lophatherum gracile*）、芒（*Miscanthus sinensis*）等植物。

习　　性： 该种在江西齐云山国家级自然保护区一年 1 代，以蛹越冬。成虫期 4~6 月。

观蝶月份： 4、5、6。

分　　布： 中国分布于陕西、河南、湖北、湖南、浙江、江西、四川、重庆、云南、台湾等地。

本区分布： 鸡公坝。

DNA 条形码： GenBank Accession: KM111618。

大波矍眼蝶 *Ypthima tappana* Matsumura, 1909

蛱蝶科（Nymphalidae）矍眼蝶属（*Ypthima*）

形态特征： 成虫翅展 40~45mm。前翅端部有 1 个大黑色眼斑；后翅可见 3 个眼斑，前 2 个相连，近臀角 1 个极小。翅反面色淡，前翅的眼状斑因黄环宽大而特别醒目；后翅有 4 个眼状纹，大小近等，其中，近前缘处 1 个，后部 3 个，臀角处的 1 个与前 2 个稍分离，其端部斜向臀角。

寄主植物： 禾本科（Gramineae）金丝草（*Pogonatherum crinitum*）、淡竹叶（*Lophatherum gracile*）等植物。

习　　性： 该种在江西齐云山国家级自然保护区一年多代，世代重叠现象明显，以蛹或者幼虫越冬。成虫期 4~10 月。

观蝶月份： 4、5、6、7、8、9、10。

分　　布： 中国分布于河南、湖北、四川、江西、台湾等地。

本区分布： 桶江、下十八垒、鸡公坝。

DNA 条形码： GenBank Accession：AB859114。

正面

反面

矍眼蝶 *Ypthima baldus* (Fabricius, 1775)

蛱蝶科（Nymphalidae）矍眼蝶属（*Ypthima*）

形态特征：成虫翅展 35~40mm。前翅正面中室端外侧有 1 个黑色眼斑，中心有 2 个蓝白色瞳点。后翅正面亚外缘 m_3 和 cu_1 室各有 1 个黑色眼斑，中心有 1 个蓝白色瞳点。后翅反面亚外缘有 6 个黑色眼状纹，其中 cu_2 室有 2 个眼斑相连，前后翅反面密布棕褐色网纹。低温型后翅反面眼纹小，有的消失。

寄主植物：禾本科（Gramineae）弓果黍（*Cyrtococcum patens*）、淡竹叶（*Lophatherum gracile*）等植物。

习　　性：该种在江西齐云山国家级自然保护区一年可发生多代，以蛹或成虫越冬。成虫期 4~11 月。

观蝶月份：4、5、6、7、8、9、10、11。

分　　布：该种属于广布种，中国广泛分布于河南、四川、浙江、福建、江西、湖北、湖南、黑龙江、山西、甘肃、青海、广西、广东、海南、台湾、西藏等地。印度、尼泊尔、不丹、巴基斯坦、缅甸、马来西亚等国也有分布。

本区分布：桶江、三角潭、鸡公坝、上十八垒、下十八垒。

DNA 条形码：GenBank Accession：KF226667。

拟四眼矍眼蝶 *Ypthima imitans* Elwes et Edwards, 1893

蛱蝶科（Nymphalidae）矍眼蝶属（*Ypthima*）

形态特征： 小型种，成虫翅展 35~40mm。翅褐色，前翅近顶角有 1 个黑色眼斑；后翅前缘及近臀角有黑色眼斑各 1 个。后翅反面近臀角有 2 个黑色眼斑，前大后小，翅反面眼斑更为清晰。

寄主植物： 禾本科（Gramineae）金丝草（*Pogonatherum crinitum*）、淡竹叶（*Lophatherum gracile*）等植物。

习　　性： 该种在江西齐云山国家级自然保护区一年多代，世代重叠现象明显，以蛹或者幼虫越冬。成虫期 4~10 月。

观蝶月份： 4、5、6、7、8、9、10。

分　　布： 中国分布于江西、福建、广东等地。

本区分布： 桶江、三角潭、鸡公坝、上十八垒、下十八垒。

DNA 条形码： GenBank Accession：无。

正面

反面

密纹矍眼蝶 *Ypthima multistriata* Butler, 1883

蛱蝶科（Nymphalidae）矍眼蝶属（*Ypthima*）

正面

反面

形态特征：成虫翅展 35~40mm。翅黑褐色，前翅近顶角有 1 个不清晰眼斑，有时完全消失；后翅 cu_1 室有 1 个小的眼斑。翅反面色浅，密布白色波纹；前翅反面近顶角眼斑具 2 个青色瞳点；后翅反面 3 个眼斑，cu_2 室 1 个最小，具 2 个青色点。雄蝶前翅中部有暗黑色香鳞斑。

寄主植物：禾本科(Gramineae)金丝草(*Pogonatherum crinitum*)、淡竹叶(*Lophatherum gracile*)等植物。

习　　性：该种在江西齐云山国家级自然保护区一年 3~4 代，以蛹越冬。成虫期 5~10 月。

观蝶月份：5、6、7、8、9、10。

分　　布：中国广泛分布于东北、华北、华中、华南、西南等地区。

本区分布：桶江、鸡公坝、三角潭、上十八垒、下十八垒。

DNA 条形码：GenBank Accession：AB859086。

204

僧袈眉眼蝶 *Mycalesis sangaica* Butler, 1877

蛱蝶科（Nymphalidae）眉眼蝶属（*Mycalesis*）

形态特征：成虫翅展 36~45mm。横贯前后翅的白色中横带很狭，后翅 7 个眼状斑中的第 4、5 个偏大。雄蝶后翅正面中室中部、基部附近及内缘 2A 脉近基部有各自分离的黑色毛束，2A 脉毛更为明显，这是该种的主要特征。该种有春、夏型之分。春型翅反面斑纹基本消失，前翅反面第 5 室的眼状斑偶尔会消失，若不消失则第 4、5 室的眼状斑与第 2 室的大眼状斑在一条直线上。

寄主植物：禾本科（Gramineae）求米草属（*Oplismenus*）等植物。

习　　性：该种在江西齐云山国家级自然保护区一年 3~4 代，以老熟幼虫越冬。成虫期 5~10 月。

观蝶月份：5、6、7、8、9、10。

分　　布：中国分布于浙江、江西、福建、台湾、广东、海南、云南、四川等地。

本区分布：三角潭。

DNA 条形码：GenBank Accession：AB863281。

正面

反面

小眉眼蝶 *Mycalesis mineus* (Linnaeus, 1758)

蛱蝶科（Nymphalidae）眉眼蝶属（*Mycalesis*）

形态特征：成虫翅展 40~45mm。该蝶有春、夏型之分。春型翅反面斑纹消失，仅留少数小点；夏型黑色眼状斑清晰。夏型雌蝶翅面黑褐色，前、后翅 2 条外缘线清晰，前翅有 1 个眼状斑。翅反面 2 条外缘线清晰，前翅有 2 个眼状斑；后翅有大小不等的 7 个眼状斑，中横线黄色。雄蝶前翅反面 2A 脉上性斑宽大，色较深；而后翅反面性斑细长，具黄色长毛束。

寄主植物：禾本科（Gramineae）弓果黍（*Cyrtococcum patens*）、刚莠竹（*Microstegium ciliatum*）、五节芒（*Miscanthus floridulus*）、芒（*Miscanthus sinensis*）等植物。

习　　性：该种在江西齐云山国家级自然保护区一年多代，以成虫越冬。成虫期 3~10 月。

观蝶月份：3、4、5、6、7、8、9、10。

分　　布：中国分布于四川、湖北、云南、浙江、福建、台湾、广东、海南、广西等南方地区。印度、尼泊尔、缅甸、伊朗、印度尼西亚、马来西亚等国也有分布。

本区分布：鸡公坝、上十八垒。

DNA 条形码：GenBank Accession：KF226534。

拟稻眉眼蝶 *Mycalesis francisca* (Stoll, 1780)

蛱蝶科（Nymphalidae）眉眼蝶属（*Mycalesis*）

形态特征：成虫翅展 40~48mm。近似稻眉眼蝶，但本种前后翅反面底色为深棕色或黑棕色，其淡色中带内侧边非常清晰而外侧边呈晕状向外扩散，亚外缘细线更靠向外侧。和其他眉眼蝶一样有季节多型现象，低温型眼斑趋于退化，有些地理亚种的淡色中线为闪紫色。

寄主植物：禾本科（Gramineae）竹叶草（*Oplismenus compositus*）等求米草属（*Oplismenus*）植物。

习　　性：该种在江西齐云山国家级自然保护区一年 3~4 代，以老熟幼虫越冬。成虫期 4~11 月。

观蝶月份：4、5、6、7、8、9、10、11。

分　　布：中国分布于河南、陕西、浙江、江西、福建、广东、广西、海南、台湾等地。日本、朝鲜等国也有分布。

本区分布：桶江、下十八垒。

DNA 条形码：GenBank Accession：GU696008。

正面

反面

稻眉眼蝶 *Mycalesis gotama* Moore, 1857

蛱蝶科（Nymphalidae）眉眼蝶属（*Mycalesis*）

形态特征：成虫翅展 42~52mm。翅褐色，前翅正面亚外缘有 2 个黑色眼斑，上小下大。前翅反面小眼斑上下各有相连的 1 个更小眼斑；中线灰白色，自前缘直达后翅后缘；后翅反面亚外缘有 6~7 个黑色眼斑，其中 cu_1 室的眼斑最大。夏型斑纹多而清晰；春型有些斑纹不明显或消失。雄蝶后翅正面中室基部近前缘有 1 簇黄白色长毛。

寄主植物：禾本科（Gramineae）竹叶草（*Oplismenus compositus*）等求米草属（*Oplismenus*）植物。

习　　性：该种在江西齐云山国家级自然保护区一年 4~5 代，以老熟幼虫越冬。成虫期 4~11 月。

观蝶月份：4、5、6、7、8、9、10、11。

分　　布：该种属于广布种，中国广泛分布于西藏、河南、陕西、四川、贵州、云南、安徽、湖北、浙江、湖南、福建、江西、广东、广西、海南、台湾等地。越南、朝鲜、日本等国也有分布。

本区分布：三角潭、鸡公坝、上十八垒、下十八垒、桶江。

DNA 条形码：GenBank Accession：KF491893。

蓝斑丽眼蝶 *Mandarinia regalis* (Leech, 1889)

蛱蝶科（Nymphalidae）丽眼蝶属（*Mandarinia*）

形态特征：成虫翅展 44~47mm。前翅正面亚外缘区有蓝色斜带。前翅反面亚外缘有 5 个黑色眼状纹；后翅反面亚外缘有 6 个黑色眼状纹。雄蝶蓝斜带较宽，后翅中室有黑褐色毛状性标。雌蝶蓝色带窄且成弧形。

寄主植物：天南星科（Araceae）石菖蒲（*Acorus tatarinowii*）等植物。

习　　性：该种在江西齐云山国家级自然保护区一年多代，世代重叠现象明显，以蛹越冬。成虫期4~10 月。

观蝶月份：4、5、6、7、8、9、10。

分　　布：中国分布于广东、海南、江苏、浙江、江西、四川、河南等地。缅甸、越南等国也有分布。

本区分布：下十八垒、上十八垒、桶江。

DNA 条形码：GenBank Accession：无。

正面

反面

曲纹黛眼蝶 *Lethe chandica* (Moore, 1858)

蛱蝶科（Nymphalidae）黛眼蝶属（*Lethe*）

正面

反面

形态特征：成虫翅展 61~72mm。雄蝶翅正面棕黑色，基半部色浓，端半部色淡；后翅亚外缘黑色斑列隐约可见。翅反面棕褐色，亚外缘有 6 个眼状纹；内中线为 1 条微曲的条纹；从前翅中室中域直至后翅臀缘有 1 条强度波曲的条纹；后翅眼状纹明显，顶端的 1 个眼状纹中心有 1 个小白点，其余的眼状纹内有 2~3 个小白点。雌蝶翅面棕褐色，中室外侧有 1 个长形白斑，与 m_3 室的白斑相连接，cu_1 室的三角形白斑独立，前后翅的眼状纹较明显。

寄主植物：禾本科（Gramineae）箬竹（*Indocalamus tessellatus*）、毛竹（*Phyllostachys edulis*）等竹类植物，五节芒（*Miscanthus floridulus*）、芒（*Miscanthus sinensis*）等芒属植物。

习　　性：该种在江西齐云山国家级自然保护区一年多代，以幼虫越冬。成虫几乎全年可见，盛发期 4~10 月。

观蝶月份：4、5、6、7、8、9、10。

分　　布：中国分布于西藏、云南、浙江、江西、福建、广西、广东、台湾等地。印度、泰国、缅甸、孟加拉国、马来西亚、印度尼西亚、新加坡、越南、老挝、菲律宾等国也有分布。

本区分布：桶江、三角潭、上十八垒、下十八垒、鸡公坝。

DNA 条形码：GenBank Accession：MK348952.1。

深山黛眼蝶 *Lethe insana* (Kollar, 1844)

蛱蝶科（Nymphalidae）黛眼蝶属（*Lethe*）

形态特征：成虫翅展 54~62mm，雌雄异型。雄蝶前翅正面前缘中部至后角有 1 条不明显的淡黄褐色斜带，线外色浅，线内色浓；后翅 M$_3$ 脉突出成齿状，亚外缘有 5 个黑褐色斑。前翅反面斜带更明显；后翅反面亚外缘有 6 个黑色眼状纹。雌蝶前翅正面前缘中部至后角有 1 条斜行白色宽带，顶端有小白斑。前翅反面斜白带明显；后翅反面的眼状纹比雄性大而清晰，其余似雄蝶。

寄主植物：禾本科（Gramineae）毛竹（*Phyllostachys edulis*）、龟甲竹（*Phyllostachys heterocycla*）等植物。

习　　性：该种在江西齐云山国家级自然保护区一年 2 代，以幼虫越冬。成虫期分别在 5~6 月、8~10 月。

观蝶月份：5、6、8、9、10。

分　　布：中国分布于云南、浙江、福建、江西、广东、海南、台湾等地。印度、缅甸、不丹、泰国、缅甸、老挝、越南、马来西亚等国也有分布。

本区分布：上十八垒、下十八垒、鸡公坝、桶江。

DNA 条形码：GenBank Accession：无。

宽带黛眼蝶 *Lethe helena* Leech, 1891

蛱蝶科（Nymphalidae）黛眼蝶属（*Lethe*）

形态特征：成虫翅展 52~65mm。近似直带黛眼蝶，但雄蝶前翅中带更为倾斜，非常接近中室端脉，雌蝶前翅有很宽的白色斜带。与其他黛眼蝶也容易区分：前翅反面亚外缘有 5 个眼斑略呈直线排列，后翅反面内外中带距离很近。

寄主植物：禾本科（Gramineae）箬竹（*Indocalamus tessellatus*）、毛竹（*Phyllostachys edulis*）等竹类植物。

习　　性：该种在江西齐云山国家级自然保护区一年 2 代，以幼虫越冬。成虫期 5~9 月。

观蝶月份：5、6、7、8、9。

分　　布：中国广泛分布于四川、福建、浙江、江西、湖南、广东等地。

本区分布：桶江、上十八垒、下十八垒、鸡公坝。

DNA 条形码：GenBank Accession：无。

紫线黛眼蝶 *Lethe violaceopicta* (Poujade, 1884)

蛱蝶科（Nymphalidae）黛眼蝶属（*Lethe*）

形态特征：成虫翅展 55~67mm。雄蝶翅正面黑褐色，无斑纹。前翅反面黑褐色，亚外缘前端有紫色小斑，中域前缘有 1 列外斜的小白斑；后翅反面外缘线紫白色，亚外缘有 6 个眼状纹，各围有紫色线圈，其中，cu_2 室 2 个眼斑相连，翅基半部有许多紫色曲折波状条纹。雌蝶正面棕褐色，前翅近顶角有 1 列黄白斑，中域有 1 列长上斜的黄白斑，到达臀角；后翅正面亚外缘只有前端 1 个眼斑较清晰。后翅反面斑纹同雄蝶，中域有 1 条不规则的波状黄色横带。

寄主植物：禾本科（Gramineae）冷箭竹（Bashania fangiana）、毛竹（*Phyllostachys edulis*）、龟甲竹（*Phyllostachys heterocycla*）等植物。

习　　性：该种在江西齐云山国家级自然保护区一年发生 1 代，以幼虫越冬。成虫期 6~8 月。

观蝶月份：6、7、8。

分　　布：中国分布于福建、浙江、江西、四川、陕西、贵州等地。

本区分布：上十八垒。

DNA 条形码：GenBank Accession：无。

棕褐黛眼蝶 *Lethe christophi* Leech, 1891

蛱蝶科（Nymphalidae）黛眼蝶属（*Lethe*）

形态特征：成虫翅展 55~67mm。雄蝶翅正面棕褐色，前翅无斑纹；后翅 cu_1 室基部有黑色性标，亚外缘有隐约可见的眼状斑。前翅反面亚外缘有隐约可见的小眼状斑 3~4 个，中横线稍直，中室内有 2 条横线，外侧的越出中室，顶端与中室端线呈"八"字形；后翅反面眼状斑清晰。

寄主植物：禾本科（Gramineae）箬竹（*Indocalamus tessellatus*）、毛竹（*Phyllostachys edulis*）等竹类植物。

习　　性：该种在江西齐云山国家级自然保护区一年发生 2 代，以幼虫越冬。第一代成虫发生在 5~6 月，第二代成虫发生在 8~10 月。

观蝶月份：5、6、8、9、10。

分　　布：中国分布于湖北、浙江、江西、福建、台湾等地。国外未见相关报道。

本区分布：鸡公坝。

DNA 条形码：GenBank Accession：无。

蛇神黛眼蝶 *Lethe satyrina* Butler, 1871

蛱蝶科（Nymphalidae）黛眼蝶属（*Lethe*）

形态特征： 成虫翅展 55~66mm。翅正面黑褐色，前翅正面无斑纹，后翅亚外缘有 1 列模糊的黑色眼斑。前翅反面近顶角有 2 个大小相同的黑色眼斑，前缘中部有 1 条外斜的灰白色斑纹。后翅反面亚外缘有 6 个大小不等的黑色眼斑，眼斑周围线、中线和内横线蓝紫色。

寄主植物： 禾本科（Gramineae）毛竹（*Phyllostachys edulis*）、龟甲竹（*Phyllostachys heterocycla*）等植物。

习　　性： 该种在江西齐云山国家级自然保护区一年 2~3 代，以幼虫越冬。成虫期分别在 5~6 月、8~10 月。

观蝶月份： 5、6、8、9、10。

分　　布： 中国分布于广东、浙江、上海、江西、河南、湖北、陕西、贵州、四川等地。

本区分布： 鸡公坝、桶江。

DNA 条形码： GenBank Accession: KM111637。

正面

反面

玉带黛眼蝶 *Lethe verma* (Kollar, 1844)

蛱蝶科（Nymphalidae）黛眼蝶属（*Lethe*）

正面

反面

形态特征：成虫翅展 56~66mm。雄雌蝶翅面褐色，前翅有 1 斜行白色中带；后翅有 2~3 个中心为白点的不明显的黑眼纹。前翅反面白色斜带与翅面一样，亚端有 2 个中心为白色的黄色环黑眼纹；后翅有 2 条不规则紫色横线，有 1 条后中黑色眼纹列，眼纹中心白色，围有黄、褐、银色环。本种与白带黛眼蝶相似，主要区别是翅的外缘较圆，特别是后翅更明显，前翅白带外无小白斑，后翅的眼斑大小比较相近。

寄主植物：禾本科（Gramineae）箬竹（*Indocalamus tessellatus*）、毛竹（*Phyllostachys edulis*）等竹类植物。

习　　性：该种在江西齐云山国家级自然保护区一年 2~3 代，以幼虫越冬。成虫期分别在 5~6 月份、8~10 月。

观蝶月份：5、6、8、9、10。

分　　布：中国分布于江西、广东、广西、海南、云南、台湾、四川等南方地区。印度、马来西亚、越南等国也有分布。

本区分布：上十八垒、下十八垒、桶江。

DNA 条形码：GenBank Accession：HQ990376。

连纹黛眼蝶 *Lethe syrcis* (Hewitson, 1863)

蛱蝶科（Nymphalidae）黛眼蝶属（*Lethe*）

形态特征：成虫翅展 55~65mm。翅黄褐色，前翅近外缘有淡色宽带；后翅有 4 个圆形黑斑，围有暗黄色圈，靠臀角处有 2 个黑点组成的黄斑。前翅反面外缘、中部、近基部有 3 条黄褐色横带；后翅有 6 个黑色眼状斑，以 cu_1、m_1 室 2 个最大，翅中部有"凸"字形黄褐色条纹，尖口朝外。

寄主植物：禾本科（Gramineae）毛竹（*Phyllostachys edulis*）、龟甲竹（*Phyllostachys heterocycla*）等植物。

习　　性：该种在江西齐云山国家级自然保护区一年 2~3 代，以幼虫越冬。成虫期 5~10 月。

观蝶月份：5、6、7、8、9、10。

分　　布：该种是广布种，中国广泛分布于大多数地区。缅甸、越南、泰国等国也有分布。

本区分布：桶江、三角潭、鸡公坝、上十八垒、下十八垒。

DNA 条形码：GenBank Accession：EF545700。

正面

反面

白带黛眼蝶 *Lethe confusa* Aurivillius, 1897

蛱蝶科（Nymphalidae）黛眼蝶属（*Lethe*）

正面

反面

形态特征：成虫翅展 55~67mm。前翅黑褐色，中域有 1 条白色斜宽带，自前缘中部斜向后角，翅顶角有 2 个小白斑。翅反面除具备正面斑纹外，前翅顶角有 4 个眼状斑；后翅有淡色波曲的内线、中线、外缘及缘线，亚缘有 6 个眼状纹，黑色、橙眶、白瞳，第 1 个很大，最后一个小，双瞳。雌雄两性前翅都有宽阔的斜白带，后翅反面底色为红棕色，内外 2 条中线近乎白色，据此可与大多数黛眼蝶区分开。与玉带黛眼蝶最近似，但后翅明显在第 4 脉处更为尖出，前翅的白带在 1b 室内明显。

寄主植物：禾本科（Gramineae）五节芒（*Miscanthus floridulus*）、芒（*Miscanthus sinensis*）等植物。

习　　性：该种在江西齐云山国家级自然保护区一年 2~3 代，以幼虫越冬。成虫期分别在 4~6 月、8~10 月。

观蝶月份：4、5、6、8、9、10。

分　　布：中国分布于浙江、福建、江西、广西、广东、四川、贵州、云南、海南等地。印度、尼泊尔、泰国、越南、老挝、柬埔寨、缅甸、马来西亚、印度尼西亚等国也有分布。

本区分布：桶江、三角潭、鸡公坝、下十八垒、上十八垒。

DNA 条形码：GenBank Accession：KM207097。

参考文献

丁冬荪 . 江西九连山自然保护区昆虫区系分析 [J]. 华东昆虫学报，2002，11(2): 10–18.

黄敦元，黄世贵，王建皓，等 . 齐云山国家级自然保护区蝴蝶群落多样性 [J]. 生物多样性，2020，28 (8): 958–964.

贾凤海，陈春泉，何桂强 . 江西蝶类生活史研究 I（井冈山卷）[M]. 南昌：江西科技出版社，2014.

刘良源，熊起明，舒畅，等 . 江西生态蝶类志 [M]. 南昌：江西科技出版社，2009.

刘小明，郭英荣，刘仁林 . 江西齐云山自然保护区综合科学考察集 [M]. 北京：中国林业出版社，2010.

马方舟，徐海根，陈萌萌，等 . 全国蝴蝶多样性观测网络 (China BON–Butterflies) 建设进展 [J]. 生态与农村环境学报，2018，34: 27–36.

武春生，徐堉峰 . 中国蝴蝶图鉴 [M]. 福州：海峡书局出版社，2017.

武春生 . 中国动物志 昆虫纲（第二十五卷）：鳞翅目，凤蝶科 [M]. 北京：科学出版社，2001.

武春生 . 中国动物志 昆虫纲（第五十二卷）：鳞翅目，粉蝶科 [M]. 北京：科学出版，2010.

袁景西，胡华林，薛国喜 . 江西九连山国家级自然保护区蝴蝶 [M]. 哈尔滨：黑龙江科技出版社，2015.

周 尧 . 中国蝶类志 [M]. 郑州：河南科学技术出版社，1994.

周 尧 . 中国蝶类原色图鉴 [M]. 郑州：河南科学技术出版社，1999.

朱建春，谷宇，陈志兵，等 . 中国蝴蝶生活史图鉴 [M]. 重庆：重庆大学出版社，2018.

中文名索引

学名索引

琉璃灰蝶